图像特征匹配算法研究及其应用

陈　珺　马佳义　刘文予　著

U0263748

科学出版社

北京

内 容 简 介

图像匹配是计算机视觉中基础而重要的问题。实践中,由于成像设备、拍摄时间、角度的不同,以及受图像中存在的噪声、遮挡、离群点、非线性形变等诸多因素的影响,求解图像匹配问题非常困难。本书分为两大部分:第一部分图像匹配算法的理论,从刚性图像匹配算法逐渐讲解到一些非刚性图像匹配算法,如基于分层混合模型的鲁棒点匹配算法、基于特征导引的图像匹配算法、基于稀疏点集与稠密流的图像匹配算法;第二部分图像匹配算法的应用,主要介绍在基于同类相似性的类别检索、机器人拓扑导航、视觉归巢等方面的应用及效果。让读者对图像匹配算法的理论和应用研究建立较为全面的认识。

本书可供电信、计算机等专业的本科生和研究生使用,也可供从事相关工作的研究人员参考。

图书在版编目(CIP)数据

图像特征匹配算法研究及其应用 / 陈珺,马佳义,刘文予著. —北京:科学出版社,2019.10

ISBN 978-7-03-062343-0

Ⅰ. ①图⋯ Ⅱ. ①陈⋯ ②马⋯ ③刘⋯ Ⅲ. ①图像处理-算法-研究 Ⅳ. ①TP391.413

中国版本图书馆 CIP 数据核字(2019)第 202123 号

责任编辑:闫 陶 / 责任校对:高 嵘
责任印制:张 伟 / 封面设计:莫彦峰

科学出版社 出版
北京东黄城根北街 16 号
邮政编码:100717
http://www.sciencep.com
北京凌奇印刷有限责任公司印刷

科学出版社发行 各地新华书店经销

*

2019 年 10 月第 一 版 开本:720 × 1000 1/16
2025 年 3 月第五次印刷 印张:10 1/4 插页:6
字数:200 000

定价:85.00 元
（如有印装质量问题,我社负责调换）

前　言

视觉是人类获取外界信息的重要方式。计算机视觉是研究让机器如何"看"的科学，人工智能和智能制造是研究让机器如何去"做"的科学。要实现人工智能和智能制造，需要让计算机能像人类那样看懂世界，自主对外界情况做出正确的分析和判断。因此，计算机视觉是实现人工智能和智能制造的重要基础。图像匹配研究如何寻找并建立两幅图像间的对应关系，它是计算机视觉中许多问题解决的基础，是底层视觉通往高层视觉的关键。机器视觉中的许多问题，如计算机视觉的基础问题（图像检索、图像融合），工程领域的遥感测绘、环境与灾害监测，机器人领域的机器人导航、视觉归巢，安防领域的目标识别与跟踪等的解决都依赖于图像匹配的精度和效率。但是自然界中采集的图像由于受到图像形变、数据来源、数据退化等多种因素的影响，匹配算法性能受损，严重制约了其工程应用。因此，研究高普适性的匹配模型具有重要的理论意义和应用价值。

为了解决图像匹配的应用问题，本书将对图像匹配问题及相关的应用进行深入探讨，介绍一系列图像匹配算法，从理论和实验上对所介绍的算法进行分析与验证，同时将相关的算法用于完成图像检索、机器人导航、视觉归巢等任务。全书共 9 章，主要内容及各章节安排如下。

第 1 章对图像匹配的主要问题和相关概念进行描述、定义与分类，介绍解决图像匹配问题的基本框架和常用方法，分析未来的研究趋势。

第 2 章介绍一种基于空间关系一致性（CSR）的刚性点集匹配算法。在本章中首先形象地展示正确匹配图像对中存在的 CSR、错误图像匹配对所呈现的空间关系不一致性，并针对正确匹配点集中存在的 CSR 进行建模、求解与收敛性分析，用单应和基础矩阵来估计图像间的变换关系，消除误匹配，最终得到图像间的刚性匹配模型，算法的时间复杂度为 $O(n)$。

第 3 章介绍基于 CSR 的非刚性点集匹配算法。利用第 2 章所展示的图像间的 CSR 进行建模，针对第 2 章刚性点集匹配算法在离群点比较高的情况下，变换空间复杂度增加，导致算法性能不好的问题，引入正则化理论来约束空间复杂度。通过不断迭代更新两幅图像间的对应关系和变换关系，最终消除误匹配，保留正确的匹配点。通过实验验证该方法在图像对中存在形变、噪声、离群点、旋转、遮挡等问题时的匹配效果，并进行统计分析，同时验证该方法的收敛性。该方法可以很容易扩展，以解决三维图像匹配问题。

第 4 章介绍一种基于分层混合模型的鲁棒点匹配算法。主要针对场景中多个独立的个体以不同的运动模型进行运动的情况，提出一种分层混合模型，对不同的运动模块分别进行建模来捕捉图像中存在的分层运动。通过引入混合系数，构造 K 个变换来解决分层运动的问题。同时，采用稀疏估计来进行快速求解，将算法的时间复杂度 $O(n^3)$、空间复杂度 $O(n^2)$ 降至 $O(n)$，可以在几乎不影响性能的情况下全面提高速度，降低数据存储需求。该方法不仅能够解决图像对中具有单一变换关系的问题，对于图像对中存在多种复杂关系的问题也能很好地解决。

第 5 章介绍一种基于特征导引的图像匹配算法，将部分稳定特征作为锚点进行导引匹配。针对图像质量差、图像中包含特征点数少的情况，将两组点集表征为服从高斯混合模型（GMM）的密度分布函数，每个 GMM 中心均由一个特征点的空间位置和局部表观特征来表征，拟合变换函数使两个点集最大限度地重合。该方法无须建立候选匹配集，采用 GMM 对匹配问题建模，可有效避免正确匹配的丢失；同时，通过设置锚点进行导引匹配，结合半监督的期望最大化算法可大大提升在数据严重退化下的图像匹配精度。

第 6 章介绍一种基于稀疏点集与稠密流的匹配算法，综合利用稠密像素算法和稀疏特征算法，取长补短。基于稠密像素的方法能够取得精确的非刚性匹配效果，但受场景尺度与方向变化影响大；而在基于稀疏特征的方法中，特征通常带有方向和尺度信息，可以适应尺度与方向变化，但无法得到精确的匹配效果。该算法建立一个数学模型将两者统一起来，使稀疏的特征匹配形成的流场在求解稠密像素的匹配流中扮演锚点的角色，并传输场景尺度与方向信息，从而得到精确的匹配结果。同时，采用流形正则化研究相应的空间变换约束，保证目标函数最优化问题的适定性。

第 7 章介绍基于同类相似性的类别检索。从本章开始接下来的三章均介绍图像匹配算法的应用。本章将所研究的图像匹配结果用于解决图像检索问题。通过得到的匹配结果计算图像间的相似度，可以得到一个关于数据集中所有图像两两间相似性关系的矩阵。提出一种基于同类相似性关系的算法，将图像两两间相似性的关系做成一幅全连接图，图中节点为每一幅图像，两节点间的连接系数为图像间的相似性度量。图像匹配计算的准确度直接影响到全连接图的质量，它是后面图像检索算法的基础。利用同类目标特征相似性间的传递，迭代更新全连接图，使同类目标的相似性不断加强，从而有效地提高检索精度。

第 8 章将图像匹配算法用于机器人拓扑导航。视觉导航是移动机器人智能化所需要具备的重要功能之一。针对自然条件下可能存在的大的明暗变化、运动模糊、重复纹理或遮挡给视觉导航带来的问题，利用卷积神经网络（CNN）特征比较两幅图像之间的相似性；采用图像清晰度度量去除关键帧中的模糊图像；采用

ORB 进行局部特征提取；采用向量场一致性（VFC）算法消除误匹配。通过匹配的方法找到最相似的关键帧，进而进行运动控制，切换新的关键帧，再次找到最相似的关键帧，重复这个过程，从而实现路径规划。该算法利用高效、高精准的图像匹配算法实现关键帧的精准定位，能够大大提升导航精度与效率。

第 9 章将图像匹配算法用于解决视觉归巢问题。提出一种基于稀疏运动流的鲁棒插值视觉归巢方法。基于平滑先验建模来寻找内点，采用插值运动流来确定全景图像的运动流的两个奇点——扩张焦点（FOE）和收缩焦点（FOC），使初始匹配中的所有内点和离群点都被正确区分，插值运动流、FOE 和 FOC 与实际运动流基本一致。该算法利用高效、高精准的图像匹配算法插值出稠密的向量场，在此基础上搜索出精确的归巢向量。

图像匹配是解决计算机视觉中许多技术问题的基础。本书探讨的基于特征的图像匹配算法将为图像特征匹配理论和应用提供一些切实有效的解决方案。相信通过更多研究者的共同努力，会有更多、更好的特征匹配算法被提出来，用于解决实际问题。

限于作者水平，书中疏漏在所难免，恳请读者不吝指正。

作　者

2019 年 5 月

目　　录

第1章　绪论 ··· 1

1.1　概述 ··· 1

1.2　图像匹配问题的定义和分类 ·· 1

  1.2.1　图像匹配问题的定义 ·· 1

  1.2.2　图像匹配方法的分类 ·· 3

1.3　图像匹配问题的基本框架 ·· 5

  1.3.1　问题的数学描述 ··· 7

  1.3.2　特征提取及描述 ·· 11

  1.3.3　特征匹配 ·· 14

  1.3.4　存在的问题及解决方案 ·· 17

  1.3.5　研究趋势 ·· 19

第2章　基于空间关系一致性的刚性点集匹配算法 ··································· 21

2.1　概述 ·· 21

2.2　图像初始特征点的提取与匹配 ·· 22

2.3　空间关系一致性算法 ·· 24

  2.3.1　问题建模 ·· 24

  2.3.2　问题求解 ·· 25

  2.3.3　刚性变换估计 ·· 27

2.4　算法复杂度分析 ·· 30

2.5　实验结果及分析 ·· 30

  2.5.1　实验配置 ·· 30

  2.5.2　单应实验结果 ·· 31

  2.5.3　基础矩阵实验 ·· 35

2.6　收敛性分析 ·· 36

2.7　相关算法分析 ·· 38

第3章　基于空间关系一致性的非刚性点集匹配算法 ································· 39

3.1　概述 ·· 39

3.2　点对应的建立 ·· 40

3.3　非刚性变换关系的估计 ·· 41

3.3.1　问题建模 ·· 41

3.3.2　问题求解 ·· 42

3.3.3　变换函数的估计 ·· 44

3.4　形状匹配算法分析 ·· 46

3.5　实验结果及分析 ·· 47

3.5.1　形状匹配结果 ··· 47

3.5.2　图像匹配结果 ··· 51

3.6　收敛性分析 ·· 60

3.7　相关算法分析 ··· 61

第 4 章　基于分层混合模型的鲁棒点匹配算法 ····························· 63

4.1　概述 ·· 63

4.2　混合变换估计 ··· 64

4.2.1　问题建模 ··· 64

4.2.2　问题求解 ··· 65

4.3　快速算法 ·· 67

4.4　算法复杂度分析 ·· 68

4.5　分层非刚性点集匹配问题 ··· 69

4.6　实验结果及分析 ·· 70

第 5 章　基于特征导引的图像匹配算法 ······································ 75

5.1　概述 ·· 75

5.2　特征导引算法 ··· 76

5.2.1　基于边缘图的特征提取 ··· 76

5.2.2　问题建模 ··· 77

5.2.3　问题求解 ··· 78

5.2.4　局部几何约束 ··· 80

5.2.5　几何形变估计 ··· 80

5.2.6　算法复杂度分析 ··· 82

5.2.7　算法参数说明 ··· 83

5.3　实验结果及分析 ·· 83

5.3.1　数据集和评估标准 ·· 84

5.3.2　多模态图像的结果 ·· 84

5.3.3　部分重叠图像的配准结果 ··· 87

5.3.4　部分重叠的多模态图像对的配准结果 ··································· 90

第 6 章　基于稀疏点集与稠密流的匹配算法 ······························· 93

6.1　概述 ·· 93

6.2　基于局部线性约束的稀疏点集匹配 ·· 93

6.3　基于 SIFT 流的稠密像素匹配 ·· 95

6.4　基于稀疏点集与稠密流的匹配模型构建和求解 ······························· 96

　　6.4.1　问题建模 ··· 96

　　6.4.2　优化求解 ··· 96

　　6.4.3　实施细节 ··· 98

6.5　实验结果及分析 ··· 99

　　6.5.1　数据集和设置 ··· 99

　　6.5.2　定性实验 ·· 101

　　6.5.3　定量实验 ·· 103

第 7 章　基于同类相似性的类别检索 ·· 105

7.1　概述 ·· 105

7.2　算法思想描述 ··· 105

7.3　检索算法实现 ··· 107

　　7.3.1　图像间相似性度量 ··· 107

　　7.3.2　问题表述 ·· 107

　　7.3.3　图模型 ··· 109

　　7.3.4　扩展：汇总和最大化相似性 ·· 110

　　7.3.5　计算复杂度 ·· 110

7.4　实验结果及分析 ·· 111

　　7.4.1　实验数据库 ·· 111

　　7.4.2　MPEG-7 形状数据库上对比结果 ··· 111

　　7.4.3　N-S 数据库上对比结果 ·· 113

　　7.4.4　AT&T 人脸数据库上对比结果 ·· 115

第 8 章　机器人拓扑导航 ··· 117

8.1　概述 ·· 117

8.2　拓扑建图和局部化 ··· 118

　　8.2.1　CNN 特征的图像比较 ·· 120

　　8.2.2　图像清晰度测量 ·· 121

　　8.2.3　ORB 特征提取 ·· 121

8.3　基于非刚体特征匹配的几何校验 ··· 122

　　8.3.1　基于图像对的向量场 ··· 122

　　8.3.2　VFC 算法表述 ·· 123

8.4　实验结果及分析 ·· 124

　　8.4.1　CNN 特征的图像相似性比较 ·· 125

8.4.2　清晰度度量 ··· 125

8.4.3　ORB 特征提取效率 ·· 126

8.4.4　VFC 的几何验证 ·· 127

8.4.5　拓扑导航 ··· 128

第 9 章　视觉归巢 ·· 130

9.1　概述 ·· 130

9.2　全景运动流的平滑先验 ··· 130

9.2.1　运动流的平滑性 ·· 130

9.2.2　平滑先验的验证 ·· 132

9.3　基于平滑先验的关键点匹配和视觉归巢 ·································· 133

9.3.1　全景图像对诱导的运动流 ·· 133

9.3.2　基于平滑先验的内点检测公式化 ······································ 135

9.3.3　基于平滑先验的内点检测实现 ··· 136

9.3.4　基于运动流的奇点进行视觉归巢 ······································ 138

9.4　实验结果及分析 ·· 139

9.4.1　实验设置 ·· 139

9.4.2　实验结果 ·· 141

参考文献 ··· 143

附录 I　专用词汇中英文对照 ·· 150

附录 II　定理 4.1 的证明 ·· 152

第1章 绪 论

1.1 概 述

视觉是人类获取外界信息的重要方式。根据 Marr（1982）的视觉理论，计算机视觉有三个主要任务：图像处理、图像分析和图像理解。因此，计算机视觉是研究如何让计算机来"看"的科学，也就是让计算机模仿人类对目标进行识别、跟踪、测量、分析和理解。人类对图像理解的本领并不是与生俱来的，而是通过长期的生活经验积累得到的。同样地，让计算机"理解"一幅图像内容，在没有任何其他信息的情况下是不可能实现的。让计算机学会对图像进行识别、分析、理解，往往需要将多幅图像信息进行综合比较学习得到。因此，图像匹配成为计算机视觉中一个重要的问题，它是许多实际应用问题解决的基础，如人脸检测、图像检索、目标跟踪、行为识别、三维重建、土地监测、地质灾害预警、图像导航等。归纳起来，以下一些场合都需要进行图像匹配。

（1）具有相同属性的模式的匹配，主要用于形状匹配、目标识别及图像检索。

（2）多视角图像的匹配，主要用于三维重建（深度/形状），或者在视觉导航中模拟复杂的外界环境。

（3）多模图像的匹配，主要用于医学图像分析中［如核磁共振成像（nuclear magnetic resonance imaging，MRI）、计算机断层扫描（computed tomography，CT）］融合由不同的传感器、不同的拍摄时间，或者不同的拍摄环境等获得的同一个场景的不同数据。

（4）基于模型的跟踪与识别，跟踪或识别序列图像中的指定模式，主要应用于农业、油田或矿产开发、地质学、天文学及军事领域中。

1.2 图像匹配问题的定义和分类

1.2.1 图像匹配问题的定义

图像匹配指在两幅图像（如模板图像与目标图像）中寻找对应关系，即将给定的两幅图像中相同或相似的内容对应起来。不同的实际问题，对应的图像匹配问题也不相同。一方面，对于包含重叠内容的多幅图像，通过寻找图像间两两对应关系，可以建立多幅图像间的对应关系，从而解决图像中的融合、拼接、镶嵌等问题。如图 1.1 所示，其中图 1.1（a）～（c）为三幅同一场景、不同角度拍摄的图像。在这种情况下，通常需要建立图像之间点与点的对应关系以解决后续的视觉与图像处理问题。另一方面，对于包含具有相同属性目标的图像，可以通过建立图像中物体间的对应关系，解决图像中的目标识别、标注、检索等问题。如图 1.2 所示，其中图 1.2（a）、（b）是同一匹马在不同背景和不同姿态下的图像，图 1.2（c）是包含一只狗的图像。在这种情况下，图像匹配的目标是识别出图 1.2（a）与（b）中的相同目标，从而建立马与马的对应关系，同时能辨别图 1.2（c）中包含的是不同目标。此外，还有一种更为复杂的情况，如图 1.3 所示，图 1.3（a）、（b）同样是包含一匹马的图像，图 1.3（c）是包含一只狗的图像。而此时图 1.3（a）和（b）中的马不再是同一匹马，但是它们属于同一类物体。这种情况下，图像匹配的目标是建立具有相同属性的目标之间的对应关系。此时，对应关系不再是点与点之间的对应，而是目标区域之间的对应。

(a) 状态1　　　　　　　　　(b) 状态2　　　　　　　　　(c) 状态3

图 1.1　不同拍摄角度得到的三幅待匹配图像

(a) 马1　　　　　　　　　　(b) 马2　　　　　　　　　　(c) 狗1

图 1.2　识别图像中的同一目标物体

(a) 马1　　　　　　　　　　(b) 马2　　　　　　　　　　(c) 狗1

图 1.3　识别图像中的目标物体类型

在实际应用中，由于图像的分辨率、亮度、光照、拍摄时间、拍摄角度等的不同，以及图像中目标的位置、缩放、姿态等的不同，图像匹配问题变得非常复杂。如何在这些复杂的情况下，得到满意的匹配结果，是本书将要研究的主要问题。

1.2.2　图像匹配方法的分类

常用的图像匹配方法有基于变换域和基于特征匹配的图像匹配方法。基于变换域的图像匹配方法包括基于 Wang 等（2011）提出的傅里叶变换、Chuang 等（1996）提出的小波变换、Lazaridis 等（2006）提出的沃什变换等，这些方法在图像间存在刚性变换关系时可以取得比较好的匹配效果，但不适用于图像间存在非刚性变换的情况。实际中常遇到的情况是图像中包含非刚性物体，如图 1.2、图 1.3 的例子中需要匹配的目标都是非刚性的。

相比基于变换域的图像匹配方法，基于特征匹配的图像匹配方法使用更为广泛。一般来说，基于特征的图像匹配问题主要包含四个组成部分：特征检测、变换空间、匹配算法及相似性度量。特征检测给出了从图像中提取的用于匹配的特征描述子，针对不同情况的图像匹配，选择不同的特征描述子；变换空间指图像间建立对应关系的所有可能变换的集合；匹配算法考虑的是如何快速地寻找图像中对应的点集和模型参数；相似性度量主要用来衡量图像间匹配的精确度。这四个部分关注的问题不同，它们共同决定了图像匹配结果的优劣。

特征检测中提取的特征描述子可以是亮度、纹理等表观信息，也可以是形状类的结构信息。形状匹配属于图像匹配中比较特殊而重要的问题。例如，图 1.3（a）、（b）中的目标物体都是马，但它们并不是同一匹马，颜色、纹理特征虽然也可以为它们类别的判断提供支持，但此时更重要的是考虑它们的形状信息。相对于物体亮度、颜色和纹理这些底层视觉信息，形状是一种高层次的视觉信息，在图像的特征表达，特别是结构类物体图像中占有重要的位置，能够提供更大范围、更高层次的视觉信息。很多情况下，仅仅借助形状信息，人们就可以对物体进行识别。如图 1.4 所示，图 1.4（a）是一幅小熊图片，虽然这个图像上的小熊没有真实熊的颜色、纹理等表观特征，只有一个大致的形状轮廓，但人眼仍然可以识别出这是一只熊，因为它具备熊的形状特征；图 1.4（b）是从真实的熊身上截取的图片，它包含颜色、纹理等表观特征信息，但是仅凭这些，即使是人也很难判断出来图像表示的是什么物体。另外，微软亚洲研究院推出的 MindFinder 儿童益智软件，只需画出想要的物体的形状轮廓，该软件就能给出相应物体的图像。这也说明了相较于底层视觉信息，形状信息在目标识别过程中显得尤为重要，因此形状匹配是图像匹配与目标识别中的一个重要研究方向。

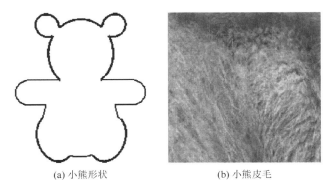

(a) 小熊形状   (b) 小熊皮毛

图 1.4 仅包含形状特征的小熊形状轮廓和仅包含颜色纹理的熊的皮毛

对于具有形状结构的物体的匹配问题，由于从形状中提取出来的轮廓点或关键点包含了物体的结构信息，形状匹配算法的研究成为图像匹配研究中一类比较特殊的问题。形状匹配是指按照一定的准则来衡量形状间的相似程度。形状匹配的算法主要分为两种情况。一种情况是计算某种变换下不变量的差值，如不变矩、傅里叶描述子、小波变换等。这类方法往往只考虑全局形状特征，丢失了很多重要的形状细节，其效果往往不能令人满意。如图 1.5 所示，图 1.5（a）、（b）为两个大象形状的图像，其中四肢、头、鼻子的姿态都不相同。在这种情况下，受肢体关节引起的非线性形变等因素的影响，基于不变量差值的算法难以达到满意效果。为了解决这个问题，近年来许多学者提出另一类基于局部特征的形状匹配方法。这类方法通过建立目标形状特征集和模板形状特征集之间的局部对应关系，使匹配误差最小，这个误差最小值就是形状间的距离，它可以反映形状的非相似度。

(a) 姿态一   (b) 姿态二

图 1.5 姿态不同的大象形状

由以上分析可以看到，由于自然图像和应用需求的千差万别，特征选择方法也有很多。为了能够使所研究的算法更具通用性，本书希望采用一种特征描述子，让它适用于各种图像的特征检测。显然，高层特征很难满足这个要求，因此考虑由低层特征着手展开图像匹配研究工作。

图像匹配相似性用来度量参考图像（模板图像）和待匹配图像（目标图像）中提取的两个点集之间的相似性。利用相似性度量的结果，可以判断图像匹配算法的性能，进行形状分类等工作。一类常见的相似性度量是基于两幅图像中对应的匹配点的空间位置关系进行的；还有一类度量是基于匹配基元的某种不变特征描述子进行的，如形状相似性度量就可以采用直方图相似性来衡量。目前有许多形状距离度量方法。基于空间关系的方法是将图像中提取的关键点在变换模型下的空间关系定义为相似性度量，关键点间的空间关系用各种距离表示。基于特征相似性的方法首先用一组基于图像间几何变换不变的参数描述子描述两幅图像中提取的特征，然后利用不变描述子间的最小距离准则定义相似性度量，目前已有许多基于特征相似性度量的方法。

目前关于形状分类检索算法的研究主要分成两类：一类着重于研究设计好的形状描述子，如 Belongie 等（2002）提出的形状上下文（shape context，SC）和 Ling 等（2007）提出的基于内部距离的 SC 方法、Bai 等（2007）提出的基于离散曲线演化的形状匹配方法、Alajlan 等（2008）提出的基于三角形面积的多尺度表示方法等，大都关注对形状的描述方法；另一类是如何改进形状比较算法以获得更好的形状相似性度量，如 Xing 等（2002）的凸优化马氏距离法、Bar-Hillel 等（2003）的相关成分分析（relevant component analysis，RCA）、Athitsos 等（2004）提出的 BoostMap 等方法考虑如何寻找合适的距离度量。他们的关注点是如何设计形状描述子和改进形状比较方法以获得更好的形状相似性度量。在某些情况下，同类物体中的非线性形变、遮挡等因素会造成同类物体形状差别很大。此时，若采用的距离度量方法将度量重点放在形状的某些不重要的部分，而没有抓住某类形状描述的本质，即使是属于同类形状，它们的形状距离也可能会非常大，用这个结果来进行后面的分类检索工作，自然得不到好的效果。目前已发表的许多形状距离度量方法都存在这个问题。

1.3 图像匹配问题的基本框架

进行图像匹配的图像情况很多，如果研究其中比较特别的形状匹配物体，则主要的研究对象是结构类物体，如人、车、马等；如果是自然图像，则包含的物体可能有一些具有结构的物体，也可能包含一些不具有结构的物体，如草地、天空、水面等。对于不同的图像匹配需求，特征的选择也有所不同。提取图像特征时可以采用点、线段、曲线及区域等由低到高不同层次的紧凑的几何实体。一般来说，特征表示的层次越高，提取出稳定、可靠的特征也越困难。同时，高层次的特征可以由一系列低层次的特征来表示，如线段可以离散化为一个点集。这里的"点"一般为从图像中采样得到的特征点或从形状轮廓中采样得到的边缘点的空间位置。基于点特征的图像匹配算法包括 Harris 等（1988）提出的基于角点特征的匹配算法、Grigorescu 等（2003）提出的基于距离标记形状点特征的匹配算法、Sebastian 等（2002）提出的基于奇点图的特征匹配算法、Lowe（2004）提出的基于尺度不变特征的匹配算法、Mikolajczyk 等（2001）提出的基于兴趣点的特征匹配算法及 Belongie 等（2002）针对形状匹配问题提出的 SC 算法；Canny（1986）提出基于边缘的特征匹配算法、Burns 等（1986）提出的基于直线特征的匹配方法及 Li 等（1995）提出的基于曲线特征的匹配算法；基于区域的图像匹配算法包括 Haber 等（2006）提出的基于区域灰度的图像匹配、Chui 等（2003）提出的基于区域梯度的图像匹配等方法。基于线特征的匹配算法比较适用于包含道路、河流、建筑物等具有明显线状特征的遥感图像匹配；而基于区域的图像匹配算法计算量大，对图像畸变非刚性变形等较为敏感。与之相比，点特征以其一般性和容易提取的特性而得到广泛应用。

由于拍摄角度及成像条件的不同，待匹配的图像之间会存在很大的差异。如图 1.1 所示的图像，人眼也需要仔细反复观察，才能找到两幅图像间的对应关系。这就使图像匹配成为一个复杂的问题。在图像匹配问题中，待匹配的图像间的变换可能是平移、旋转、缩放这些相对简单的刚性变换，也可能是一些模型未知的非刚性变换，采用点特征可以较为方便地估算图像的这些变换关系。本书主要研究基于点特征的匹配方法，并在此基础上开展图像匹配的研究。如图 1.6 所示。有了从图像中提取出的特征点，视觉分析领域中的很多问题就可以转化为一个点集匹配的问题，而点集匹配问题正是致力于寻找两个点集间的对应关系，以及求解点集之间潜在的空间变换关系，因此可以利用点集的空间变换关系和对应关系来寻找图像的匹配关系。

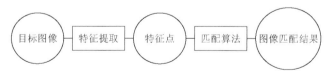

图 1.6　基于特征点的图像匹配算法框架

本书的工作关注点特征的匹配，具体来说，首先提取图像的点特征信息，然后设计通用的匹配算法以匹配提取的特征，从而建立图像间的对应关系。本书致力于研究较为通用的特征匹配算法，以建立提取的图像特征之间精确的对应关系，从而更好地解决图像匹配问题。

1.3.1 问题的数学描述

点匹配的目的是寻找两个点集间的对应关系和恢复一个点集到另一个点集的空间变换关系。这里点指的是特征，通常是在二维或三维图像上得到的兴趣点的位置信息。在实际应用中，点集匹配已成为计算机视觉、模式识别及医学图像分析等领域中一个非常基础同时也非常重要的问题。

点匹配问题可以表述成数学模型：给定两个点集 $X = \{x_i\}_{i=1}^{n}$ 和 $Y = \{y_j\}_{j=1}^{m}$，其中 X 表示可以移动的模板点集，Y 表示固定的目标点集，两个点集均可看成有限维实向量空间 $\mathbf{R}^d$ 中的两个有限子集，这里两个集合的势不必相等（即两个集合的大小可以不同，因为两幅图像提取的特征点集数量不一定相同）。目标点集由模板点集经过某一变换 f 加上一些离群点和噪声组成，这里离群点和噪声统一用 ε 表示。匹配两个点集可以转化为求解一个从模板点集空间 $\mathbf{R}^X$ 到目标点集空间 $\mathbf{R}^Y$ 的变换 f。两个点集的对应关系表示如下：

$$Y = f(X) + \varepsilon \tag{1.1}$$

图 1.7 为该数学模型的一个非刚性点集匹配示意图，其中两个点集分别采样于两个形状的轮廓点，研究目标是建立这两个点集间的对应关系，估计出一个变换 f，将其中一个点集中的每个点正确映射到另一个点集中的相应点上。

图 1.7 非刚性点集匹配示意图

图 1.7 中，给定两个点集，寻找点集间的对应关系，以及估计一个变换，使其将其中一个点集映射到另一个点集上。图 1.7 中 $o = f(+)$ 表示的是 "+" 代表的形状点集和 "o" 代表的形状点集间的变换关系。

这里存在两个耦合的未知变量需要求解，即点集 X 与 Y 之间的潜在的对应关系 P 和变换关系 f。采用如下步骤进行求解。

第一步，根据少量已知的点集间的对应关系得到点集间的变换关系 f；然后根据这个变换关系对模板点集进行变换。

第二步，比较变换后的点的坐标与目标点集中点的坐标，若满足 $\| f(x_i) - y_j \| \leqslant \varepsilon_0$，则判定 x_i 与 y_j 具有匹配关系。

第三步，根据找到的点集间点的对应关系更新变换关系。

　　这里可知，对应关系和变换关系的求解是密不可分的，解决这两个变量中的任意一个都需要另一个变量的解决作为支撑，导致同时求解这两个变量是相当困难的。相比之下，采用迭代法会容易得多，即给定其中一个变量，单独求解另一个变量，如此迭代，直至达到局部最优解。

　　根据具体数据和应用，点匹配任务大致可以分为两大类：刚性点集匹配和非刚性点集匹配。在刚性点集匹配中，点集只允许存在平移、旋转和尺度缩放等简单的变换，从而与之对应的模型参数较少，求解相对简单，相关的研究工作比较成熟。相比之下，由于点集之间潜在的非线性映射未知、复杂、难以建模，且简单的分段仿射和多项式模型等又不足以产生好的近似效果，非刚性点集匹配问题往往困难得多。非刚性的情况存在于很多实际任务中，如手写字符识别、形状识别、可变形物体运动跟踪及医学图像配准，使非刚性点集匹配变得尤为重要。

　　在统计学及计算机视觉的许多文献中，提出了各种各样鲁棒的点匹配估计方法。在统计学领域，有 Rousseeuw 等（2005）提出的最大似然估计（maximum likelihood estimation，MLE）算法、Fischler 等（1981）提出的最小均方误差算法。前者通过零点唯一的最小值来最小化均匀的、正定的函数误差，而后者最小化均方误差。在计算机视觉领域，广泛使用的鲁棒算法是 Fischler 等（1981）提出的随机采样一致性（random sample consensus，RANSAC）算法，这个方法能够从含有大量离群点的数据中得到一个对参数模型好的估计，是计算机视觉领域中应用最为广泛的方法。RANSAC 算法是一个随机采样算法，其通过连续随机采样得到一个小的集合来估计模型参数，直到获得一个好的估计。RANSAC 算法有多个变种，如 Chum 等（2005）提出的最大似然样本一致性估计（maximum likelihood estimation sample consensus，MLESAC）算法和 Hartley 等（2003）提出的渐进样本一致性（progressive sample consensus，PROSAC）算法。与 RANSAC 算法采用内点的数量来确定模型的解相比，MLESAC 算法采用一个新的代价函数和 Torr 等（1997）提出的一个基于 M 估计（M-estimation）加权的投票策略来计算模型的最大似然解。而 PROSAC 算法则改进了 RANSAC 算法的随机采样策略，对更可靠的特征点对应优先采样，因而能更快地采样到一个不包含离群点的集合，以快速地求解模型参数。

　　由于刚性点集匹配算法相对简单，下面先简要地回顾刚性点集匹配的方法，然后对当前一些广泛应用的非刚性点集匹配方法做详细介绍。

1. 刚性点集匹配问题

　　刚性运动具有保线性、保角性和保距性，其变换可以由一个全局的变换矩阵表示。另外，存在两类比较特殊的非刚性变换，分别称作仿射变换和射影变换，其中前者具有保线性、简比不变性，以及能保持线的平行性，后者也具有保线性。与刚性变换一样，它们均可由一个全局的矩阵参数化，从而求解相当简单，在这里将其归类为刚性的情况一并讨论。为了便于理解后续章节内容，这里先给出一些关于图像点匹配的基本概念和术语，然后再讨论刚性点集匹配的研究现状。

2. 常见的刚性变换

在视觉几何中，将刚性变换按照层次从低到高、从特殊到一般，依次分为等距变换、相似变换、仿射变换和射影变换，其中等距变换为低层变换，射影变换为高层变换。以最一般的射影变换为例进行介绍：两幅图像上任意一对匹配点 $x \leftrightarrow x'$，记 $x = (x_1, x_2, x_3)^T$，$x' = (x_1', x_2', x_3')^T$，平面射影变换是关于齐次三维矢量的一种线性变换，并可用一个 3×3 非奇异矩阵 H 表示为

$$\begin{bmatrix} x_1' \\ x_2' \\ x_3' \end{bmatrix} = \begin{bmatrix} h_{11} & h_{12} & h_{13} \\ h_{21} & h_{22} & h_{23} \\ h_{31} & h_{32} & h_{33} \end{bmatrix} \begin{bmatrix} x_1 \\ x_2 \\ x_3 \end{bmatrix} \tag{1.2}$$

或更简洁地表示为

$$x' = Hx \tag{1.3}$$

H 是一个齐次矩阵，由于其乘以任意一个非零比例因子不会使射影变换改变，其中有意义的仅仅是矩阵元素的比率。在 H 的 9 个元素中有 8 个独立比率，因此一个射影变换有八个自由度。

3. 对极几何和基本矩阵

两视图的对极几何是两幅视图之间内在的射影几何，它独立于景物结构，只依赖于摄像机的内参数和相对姿态。对极几何给出了一对视图中的对应点间的约束关系，它是图像平面与以基线为轴的平面束相交的几何。

基础矩阵是一个秩为 2 的 3×3 矩阵：$F = \{f_{ij}\}_{3 \times 3}$，如果一个三维空间点在第一幅、第二幅图像上的像分别为 x、x'，则这两个图像点满足关系：

$$x'^T F x = 0 \tag{1.4}$$

根据 $x = (x_1, x_2, 1)^T$ 和 $x' = (x_1', x_2', 1)^T$ 可以得到基础矩阵的方程为

$$x_1'x_1 f_{11} + x_1'x_2 f_{12} + x_1' f_{13} + x_2'x_1 f_{21} + x_2'x_2 f_{22} + x_2' f_{23} + x_1 f_{31} + x_2 f_{32} + f_{33} = 0 \tag{1.5}$$

4. 刚性点集匹配研究现状

早期的刚性点集匹配方法包括 Stockman 等（1982）提出的基于聚类的算法。这类算法通常同时求解两幅图像之间的空间变换关系与点对应关系，其对两个点集中点对应的所有可能的组合求解变换参数（平移、选择、缩放），然后取求得的变换参数空间中最强的聚类中心为最优解。聚类方法采用的这种穷举搜索使其受

制于计算复杂度。刚性点集匹配还包括 Lavine 等（1983）提出的基于图模型的算法、Grimson 等（1987）提出的树搜索的算法。在刚性的情形下，可以由点的坐标很自然地将其完全表示为一个图模型，于是点匹配就转化为图匹配。图匹配方法通常挖掘在结构关系下几何不变量及其他一些属性的内在联系。然而，在实际的点匹配问题中，由于数据的退化，仅基于点的空间位置信息的图模型算法很难达到满意的效果。

在刚性点集匹配算法中，使用最为广泛的是由 Besl 等（1992）提出的迭代最近点（iterative closest point，ICP）算法，该方法构造简单而且计算复杂度低，其基本思想是采用如下两步迭代法，直到算法达到一个局部最优解：①基于最近距离准则指派点的对应关系；②利用前一步指派的点对应关系，求解两个点集的最小二乘变换模型。尽管 ICP 算法简洁直观，但其对点集间的初始化校准要求比较高，即两个点集对应点的初始位置要充分接近，而且对点集中所存在的离群点和缺失点也较为敏感。此外，ICP 算法也可以进行非刚性点集的匹配。ICP 算法存在很多变种，以改进算法的优化策略。

为了克服 ICP 算法的局限性，很多概率化方法应运而生。在 ICP 算法中，两个点集间的任何两个点要么有对应关系，要么没有，即 0-1 指派。而概率化方法在这一点上做了推广，一个点集中的点可以与另一个点集中的多个点有不同程度的对应关系，而这个对应关系的强弱由一个位于 0~1 的概率衡量，同时所有与之有对应关系的点的概率总和为 1，这就是软指派方法。这些概率方法包括由 Gold 等（1998）介绍的鲁棒点匹配（robust points matching，RPM）算法，以及随后相关的变种。迭代的采用软指派策略寻找点对应和求解变换关系的 RPM 算法与基于 GMM 的期望最大化（expectation maximization，EM）算法是等价的。在后者里面，其中一个点集被看成具有相等且各项同性的方差的 GMM 各个分量的中心（模板点集），另一个点集则看成是用来被匹配的目标点集。在实际中，很多刚性点集匹配方法都显式地将点集匹配形式化为一个 MLE 问题，通过一系列的刚性变换模型参数（平移和旋转）对 GMM 的中心再参数化以将 GMM 中心匹配到目标点集上。此外，概率化方法还有一些共性，即通过添加额外的分布项来应对离群点［如 Rangarajan 等（1997）采用的带宽很大的高斯分布或者 Scott 等（1991）的均匀分布］，以及对高斯带宽采用确定性退火机制以避免陷入局部最优解。这些概率化方法的效果比传统的 ICP 算法要好，尤其是当数据中出现噪声、离群点及缺失点的时候。

另一类刚性点集匹配方法是谱方法。Scott 等（1991）介绍了一种对任意两个模式中的点建立对应的非迭代算法，探讨了点集高斯邻接矩阵的一些属性。该算法能很好地应对平移、剪切和缩放，但是不能很好地推广到非刚性的情况。Li 等（2004b）揭示了点对应关系和变换模型是格拉姆矩阵的两个因子，并且可以通过

Newton-Schulz 因子分解法迭代求解，该方法在轻度的线性变换下取得了良好的结果。然而，尽管谱方法表现形式美观，但巨大的计算需求限制了它的广泛应用，而且不能被推广到高维的情况。

由于刚性运动可以看成非刚性运动的特殊形式，非刚性点集匹配算法一般都可以用来进行刚性点集匹配。因此，非刚性点集匹配算法适用范围更广，对它的研究非常重要。前面已经分析过，点集匹配算法中主要有两种关系需要求解——对应关系和变换关系。按照求解方式，可以将点集匹配算法分为基于对应关系的求解算法和基于变换关系的求解算法。后面将以一些非刚性点集匹配算法为例来介绍图像匹配方法的各个组成部分。

1.3.2 特征提取及描述

关于非刚性点集匹配问题早期的工作包括 Hinton 等（1991）使用的概率 GMM 形式化方法。该方法通过样条模型使 GMM 中心沿着轮廓均匀分布，从而达到匹配的目的。然而，算法实际上只适用于具有轮廓形状的点集。相比之下，Besl 等（1992）提出的 ICP 算法使用更为广泛。但是，其寻找点对应关系所采用的 0-1 指派在非刚性变换的情形下适用性不好，尤其是当点集间的形变较大时。

基于对应关系的点匹配算法主要通过提取点集里点的特征，采用特征匹配的方法，来获取点集的对应关系，从而实现点集匹配，也称为基于特征的点集匹配算法。目前比较常见的基于特征的点集匹配算法有：Lowe（2004）提出的尺度不变特征变换（scale invariant feature transform，SIFT）算法、Belongie 等（2002）提出的 SC 算法、Ling 等（2007）提出的基于内距离的形状上下文（inner distance shape context，IDSC）算法。由于本书的算法在解决图像匹配问题时要用到 SIFT 算法或 SC 算法，所以对这两种算法进行详细的介绍，对 IDSC 算法进行简要的描述。

1. SIFT 算法

SIFT 算法由 Lowe（1999）提出，并于 2004 年总结完善，之后也有其他学者提出改进的算法，如 Bay 等（2006）提出的加速鲁棒特征（speed up robust features，SURF）。SIFT 算法特征建立在尺度空间理论的基础上，其具有尺度不变性、旋转不变性及部分的仿射不变性，另外对光照变化也有较强的适应性。SIFT 特征描述子是一个高维向量，其反映了检测区域的梯度分布，因而具有很强的可区分性。SIFT 算法首先在尺度空间上寻找极值点作为关键点，即特征点，获取关键点的位置及尺度，然后基于关键点的梯度分布提取关键点的主方向，从而实现尺度和旋转的不变性，最后利用关键点的局部信息构建梯度直方图，将其作为对关键点的特征描述。Lowe（2004）对 SIFT 算法的基本原理和实现过程做了简单的介绍。

SIFT 特征描述子的构造受到了生物视觉的启发，即人眼对图像梯度的方向和空间频率敏感，而对梯度的位置不敏感。因此，SIFT 算法使用相应尺度上高斯平滑图像中特征点邻域内的梯度直方图来构建特征描述子。

在 SIFT 算法中，通过对离散极值点拟合三维二次函数，再计算该函数的极值，从而得到特征点亚像素精度的位置及尺度。同时根据所求极值去除对比度低和边缘响应不稳定的极值点，以增强匹配稳定性，提高抗噪能力。另外，为了使算子具备旋转不变性，算法对每个特征点计算一个主方向。具体过程是先计算特征点邻域像素的梯度幅值 m 和方向 θ。特别地，对于高斯平滑图像 L，点 (x, y) 的梯度幅值与方向分别为

$$m(x, y) = \sqrt{[L(x+1, y) - L(x-1, y)]^2 + [L(x, y+1) - L(x, y-1)]^2} \qquad (1.6)$$

$$\theta(x, y) = \arctan \frac{L(x, y+1) - L(x, y-1)}{L(x+1, y) - L(x-1, y)} \qquad (1.7)$$

随后，根据特征点 (x, y) 的邻域构建梯度方向直方图，直方图的峰值对应的方向即为该特征点的主方向，此外，在梯度直方图中，如果次峰值大于主峰值的 80%，则认为次峰值所对应的方向为辅方向。一个特征点可能具有多个方向（一个主方向，一个以上的辅方向），相当于在这个位置上存在方向不同的多个特征点，从而增强特征点匹配的鲁棒性。

通过以上几个步骤，可以得到特征点的位置、尺度和方向，由此可以确定一个特征区域。接下来的任务就是基于该特征区域建立具有强表达能力的描述符。为了保证旋转不变性，算法首先将坐标轴旋转到特征点的主方向。然后以特征点为中心选取 8×8 的窗口。窗口中心点为特征点的位置，选取特征点对应的尺度空间的 8×8 邻域像素点的梯度幅值和方向，靠近特征点的邻域像素的梯度幅值具有更大的权重。最后将邻域窗口合并为 2×2 的子块，在每个子块上统计八个方向的梯度方向直方图，通过计算每个梯度方向上梯度幅值的高斯加权和，可得到一个 2×2×8 维的特征表达。这种邻域梯度方向信息融合的操作使算子的抗噪能力增强，此外也提高了特征点匹配的容错性。注意在实际的计算中，邻域的大小为 16×16，并在 4×4 的子块上统计梯度方向直方图，从而得到一个 4×4×8 = 128 维的 SIFT 算法特征向量。

为了消除图像光照变化的影响，算法对描述子进行归一化。但出于摄像机或摄像角度的原因，有时存在非线性的光照，这会导致某些像素的梯度幅值发生变化，但一般来说对梯度方向的影响不大。为了消除这种影响，算法将归一化后的

特征向量中大于 0.2 的特征分量截断并设为 0.2，然后对新得到的特征向量重新归一化。

2. SC 算法

一个物体通常可以被视为一个点集，同时，物体的形状可以由其中的一个有限子集来刻画。特别地，一个形状可以由物体外部或内部轮廓的离散采样点来表征，可以由边缘检测器提取到的边缘点的空间位置来获取。它们不需要而且一般不会对应于特征点，如轮廓的极值点或拐点，进行典型的均匀采样即可。形状匹配问题的目的就是匹配从两个物体中提取出的轮廓点。

在形状匹配中，对于第一个形状上的每个点 x_i，需要寻找第二个形状上与之最好的匹配点 y_j，这与立体视觉中的点对应问题很类似。形状采样点集中的每个点都有自身的邻域信息，这些邻域信息可以表征点的特殊属性，有助于建立点对应关系。如果采用一个信息量丰富的局部描述子，那么匹配往往会变得容易很多。具有丰富信息量的描述子可以大大降低匹配的歧义性，而在形状匹配中使用最为广泛的描述子为形状上下文。

点集中的每个点都有自身的邻域信息，这些邻域信息可以表征点的特殊属性，于是可以帮助建立点对应关系。Belongie 等（2002）介绍了一种形状描述子，称为 SC，并提出了一种基于 SC 的匹配算法。在同一个形状类别中形状实例及其采样表述会因为不同的个体有较大的差异，在 SC 中，取而代之的是采用采样点相对位置的分布来构造一个更鲁棒紧凑并且区分能力更强的描述子。具体来说，对于形状上的某一个采样点 x_i，算法计算其余所有 $n{-}1$ 个点的相对坐标的一个粗略的直方图 h_i，将其作为该点特征属性。对于两个点 x_i 与 y_j，有了形状描述子 h_i 与 h_j，其匹配代价或者说两点间的相似性度量则通由 χ^2 距离来表征；点对应关系可以通过匈牙利算法或 Belongie 等（2002）采用的更高效的算法来建立，其中输入为一个方阵，其每个元素 C_{ij} 为两个形状之间采样点的相似度，输出为最小化总代价函数的一个排列 $\pi(i)$。

因为所有的度量都是相对于形状上的具体某个点，所以平移不变性是 SC 算法的一个固有的特征。另外，依据形状采样点距离的均值来自适应地调整阵列的尺寸，使 SC 也具有尺度不变性。然而，SC 对大的旋转变换是敏感的。在某些实际应用中，往往要求描述子具有旋转不变性。Belongie 等（2002）提出了一种完全的旋转不变 SC，其将每个点的正切方向作为局部坐标系统 x 轴的正方向。该方法有三个缺陷。第一，正切方向是在灰度图像的基础上定义的，并且不适用于二值图像。第二，如果在形状匹配时只给出采样点而缺少原始图像，则不能计算点的正切方向。第三，计算正切方向是一个一阶导数运算，其对噪声敏感。为了解决这些问题，Zheng 等（2004）将点集的质心作为参考点，并且将点集到质心的方向作为局部坐标系统 x 轴的正方向，该方法对于采样点包含均值为零的高斯白噪声的情况，平均过后噪声对质心的影响将会降低。于是，该方法比基于计算正切方向的方法对噪声更鲁棒。

3. IDSC 算法

Ling 等（2007）提出的 IDSC 算法将形状轮廓的最短内部距离（定义为两点之间在形状轮廓内部的最短路径）代替 SC 中的欧氏距离来构建描述子，其对于处理形状轮廓中有关节的情况有显著的优势。内部距离对于关节不敏感，但是对于部件结构是敏感的，其在没有显式将形状分解为各个部件的情况下体现了形状的结构及关节信息，这一点对于复杂形状的对比具有很重要的意义。注意到欧式距离并没有这些性质，这主要是由于欧氏距离定义为两个标注点之间线段的长度，它没有考虑线段是否穿过形状的轮廓。

在 IDSC 中，描述子的匹配方法采用的是动态规划方法，而动态规划方法在轮廓匹配中应用很广泛。该方法利用了形状轮廓采用点的顺序关系，相对于 SC 的二分匹配问题，其能产生更快且更精确的结果。该算法的主要问题是，实际采样出来的轮廓点在很多情况下是无法确定其顺序关系的，另外在图像匹配中，特征点集是不存在顺序关系的，从而导致其无法应用。

以上介绍的是一些公认的效果比较好的点集特征匹配算法。这类方法只通过对比点的局部特征来建立点对应关系，所以相对于基于变换关系求解的算法，这类方法更容易执行，因而具有操作简单、不需要求解复杂的变换关系的特点。例如，SC 算法在处理比较复杂的点模式时，会比 Besl 等（1992）的 ICP 算法取得更好的效果。但是实际过程中，基于特征的点匹配算法在求解非刚性变换时忽视了鲁棒性因素，仅基于点的局部邻域信息（描述子）估计出来的点对应往往存在离群点，而当离群点达到一定比例时，求解非刚性变换时也会严重退化，得不到好的匹配结果。

1.3.3　特征匹配

基于变换关系的求解算法通过建立点集间的变换模型，求解变换参数，从而确定点集间的变换关系。在得到变换关系的基础上，寻找点集的对应关系，实现点集匹配。前文提到的 ICP 算法就属于该类。单纯的基于变换关系的点匹配算法实施起来并不简单。因为变换参数需要根据正确的点对应关系才能确定。基本的思想是通过初始的变换关系求解可能的对应关系，再由找到的对应关系更新变换模型参数。因此这种变换关系的求解必须联合对应关系求解才能得到好的效果，下面介绍基于这种思想的一些方法。

1. 一致性点漂移算法

运动的一致性是约束潜在变换模型的平滑性的一种特殊手段，Yuille 等（1989）给出了运动一致性的概念。运动一致性的一个直观印象是邻近点在运动中有相似的速度和方向，图 1.8 为运动一致性的一个示意图。基于此思想，Myronenko 等（2010，2006）在薄板样条鲁棒点匹配（thin plate spline-robust point matching，TPS-RPM）算法基础上提出了一种新的非刚性点集匹配算法，称为一致性点漂移（coherent point drift，CPD）算法，该方法借助 GMM 把匹配问题转化为概率密度估计问题，并用高斯径向基函数（radical basis function，RBF）取代了薄板样条（thin plate spline，TPS）来进行建模。

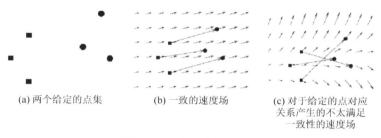

(a) 两个给定的点集   (b) 一致的速度场   (c) 对于给定的点对应关系产生的不太满足一致性的速度场

图 1.8 运动一致性示意图

假设点集 $X = \{x_i\}_{i=1}^n$ 为 GMM 的中心，点集 $Y = \{y_i\}_{j=1}^m$ 为由 GMM 产生的目标点集，则 GMM 似然函数定义为

$$p(\boldsymbol{y}) = \sum_{i=1}^{n+1} P(i)P(\boldsymbol{y}\,|\,i) = \sum_{i=1}^{n} \frac{1-\omega}{n} N[\boldsymbol{y}\,|\,\boldsymbol{x}_i + \boldsymbol{v}(\boldsymbol{x}_i), \sigma^2 I_{d\times d}] + \omega\frac{1}{m} \quad (1.8)$$

其中变换模型 T 由初始位置 x 加上一个位移函数 v 来定义，即变换函数 $T(\boldsymbol{x}, \boldsymbol{v}) = \boldsymbol{x} + \boldsymbol{v}(\boldsymbol{x})$，协方差为 $\sigma^2 I_{d\times d}$。为了应对离群点的影响，算法添加了一个额外的均匀分布项 $p(\boldsymbol{y}\,|\,n+1) = \dfrac{1}{m}$，其比重为 ω，且 $0 \leqslant \omega \leqslant 1$。对于所有的 GMM 分量，其概率 $P(i) = \dfrac{1}{n}$。这里，位移函数 v 定义在一个常用的函数空间中，称为再生核希尔伯特空间（reproducing kernel Hilbert space，RKHS），于是 v 具有如下形式：

$$\boldsymbol{v}(\boldsymbol{x}) = \sum_{i=1}^{n} \boldsymbol{G}(\boldsymbol{x}, \boldsymbol{x}_i)c_i \quad (1.9)$$

式中：c_i 为模型参数；G 为核函数；该算法中取为高斯核。

为了求解变换模型参数 c_i，需要最大化似然函数或等价的最小化负对数似然函数，即能量函数。同样地，为了控制变换模型的平滑性，CPD 算法在损失函数中添加了一个正则化项，于是算法最小化如下能量函数：

$$E(\theta) = -\sum_{j=1}^{m} \ln \sum_{i=1}^{n+1} P(i)P(y|i) + \frac{\lambda}{2} \boldsymbol{C}^{\mathrm{T}} \boldsymbol{G} \boldsymbol{C} \qquad (1.10)$$

式中：$\boldsymbol{C} = (c_1, c_2, \cdots, c_n)^{\mathrm{T}}$；$\lambda$ 为正则化参数。有了损失函数，EM 算法或确定性退火算法均可以用来求解此优化问题。CPD 算法适用于多维点集匹配问题，并对噪声、离群点和缺失点有较强的鲁棒性，但是该算法需要预先确定数据中离群点的比例，即参数 ω 的值，从而给问题的解决带来困难。另外，CPD 算法对较大的旋转的情况匹配效果通常会很差。

2. 基于核相关的算法

Tsin 等（2004）提出的基于核相关（kernel correlation，KC）的算法将点集匹配问题定义为寻找两个待匹配点集具有最大 KC 的配置，其中损失函数与两个核密度估计的相关性成正比。

给定两个点 x_i 和 x_j，它们的 KC 定义为

$$\mathrm{KC}(x_i, x_j) = \int K(x, x_i) \cdot K(x, x_j) \mathrm{d}x \qquad (1.11)$$

式中：$K(x, x_i)$ 为一个以 x_i 为中心的核函数。

以高斯核为例：

$$K_G(\boldsymbol{x}, \boldsymbol{x}_i) = (\pi\sigma^2)^{-d/2} \exp(-\| \boldsymbol{x} - \boldsymbol{x}_i \|^2 / \sigma^2) \qquad (1.12)$$

则相应的 KC 函数变为

$$\mathrm{KC}_G(\boldsymbol{x}_i, \boldsymbol{x}_j) = (2\pi\sigma^2)^{-d/2} \exp(-\| \boldsymbol{x}_i - \boldsymbol{x}_j \|^2 / 2\sigma^2) \qquad (1.13)$$

回到匹配的问题上来，给定两个点集，模板点集 X 与目标点集 Y，假定变换模型为 f，KC 算法最小化如下损失函数：

$$C(\boldsymbol{f}) = -\sum_{i=1}^{n} \sum_{j=1}^{m} \mathrm{KC}[\boldsymbol{x}_i, \boldsymbol{f}(\boldsymbol{y}_j)] \qquad (1.14)$$

很容易证明该损失函数是有界的，如果采用梯度下降法来最小化该损失函数使其值逐步下降，那么可以保证损失函数收敛到一个不动点。其他的一些匹配方法如 ICP 算法，由于其损失函数定义在最邻近点上，并且邻域随着迭代而变化，于是很难研究其收敛属性。相比之下，KC 算法匹配定义了一个全局的损失函数，即每一步优化都是针对同一个损失函数。KC 算法对刚性匹配效果比较好，虽然其也适用于非刚性匹配，但效果并不理想。

3. 基于 GMM 和 L₂ 度量的方法

Jian 等（2011）将 KC 算法做了推广，其将点集表示成一个 GMM，并采用 L_2 距离对 GMM 的相关性进行度量。GMM 方法中，其中一个点集被作为 GMM 的高斯核中心，其他的点集作为数据点，这个问题被规划为一个 MLE 问题。这

里，采用 L_2 距离度量有两个比较重要的好处：其一，L_2 距离与内在鲁棒估计子 L_2E 有很强的联系；其二，对于两个混合高斯的 L_2 距离存在闭合的表示，于是提供了计算高效的匹配算法。给定模板点集 X 和目标点集 Y，假定变换模型为 f，算法最小化如下损失函数：

$$C_{L_2}(\boldsymbol{f}) = \int \{ \mathrm{gmm}(Y) - \mathrm{gmm}[\boldsymbol{f}(X)] \}^2 \mathrm{d}\boldsymbol{x} \tag{1.15}$$

式中：$\mathrm{gmm}(f(X))$ 为从点集 $\boldsymbol{f}(\boldsymbol{X})$ 中构造的高斯混合密度。

注意，在实际中算法在损失函数中添加正则化项以控制变换的平滑性。

L_2 度量函数可以视为密度功率散度的一个特殊情况：

$$d_a(\boldsymbol{g}, \boldsymbol{f}) = \int \left(\frac{1}{\alpha} \boldsymbol{g}^{1+\alpha} - \frac{1+\alpha}{\alpha} \boldsymbol{g} \boldsymbol{f}^{\alpha} + \boldsymbol{f}^{1+\alpha} \right) \mathrm{d}\boldsymbol{x} \tag{1.16}$$

式中：$\boldsymbol{f}$ 和 $\boldsymbol{g}$ 为密度函数；可通过参数 α 调整功率密度函数的意义；$d_a(\boldsymbol{g}, \boldsymbol{f})$ 为 $\boldsymbol{g}$ 与 $\boldsymbol{f}$ 之间的散度。这里，密度函数 $\boldsymbol{f}$ 和 $\boldsymbol{g}$ 为

$$\boldsymbol{f}(\boldsymbol{x}) = \sum_{i=1}^{n} \alpha_i \phi(\boldsymbol{x} \,|\, \boldsymbol{v}_j, \Gamma_j) \tag{1.17}$$

$$\boldsymbol{g}(\boldsymbol{x}) = \sum_{j=1}^{n} \beta_j \phi(\boldsymbol{x} \,|\, \boldsymbol{v}_j, \Gamma_j) \tag{1.18}$$

在式（1.16）中，当 $\alpha = 0$ 时，式（1.16）为大家所熟知的 KL（Kullback-Leibler）散度；而当 $\alpha = 1$ 时，式（1.16）变为两个密度的 L_2 距离，相应的估计子称为 L_2E 估计子。对于一般的 $0 < \alpha < 1$ 的情况则建立了 KL 散度与 L_2 距离之间的桥梁。公式（1.17）中，ϕ 表示高斯分布的条件概率函数，其中 $\boldsymbol{v}_j$ 与 Γ_j 为高斯分布的均值和方差参数。

基于以上公式，两个混合高斯的 L_2 距离的闭合表达式可以很容易地推导出：

$$\int \phi(\boldsymbol{x} \,|\, \mu_1, \Sigma_1) \phi(\boldsymbol{x} \,|\, \mu_2, \Sigma_2) \mathrm{d}\boldsymbol{x} = \phi(0 \,|\, \mu_1 - \mu_2, \Sigma_1 + \Sigma_2) \tag{1.19}$$

式中：μ_1，Σ_1 分别为第一个高斯分布的均值和方差；μ_2，Σ_2 分别为第二个高斯分布的均值和方差。高斯分布的差也满足正态分布，其均值为 $\mu_1 - \mu_2$，方差为 $\Sigma_1 + \Sigma_2$。

相比于 KC 算法，该算法在非刚性点集匹配上取得了更好的效果。然而，当数据中存在大量的离群点和噪声时，其不能得到好的结果。

算法采用 TPS 对变换进行建模，并使用确定性退火机制和拟牛顿法进行求解。

联合求解对应关系和变换关系的方法取得了比较令人满意的效果，如匹配结果更为鲁棒，抗噪声、离群点和缺失点的能力更强，但是联合求解点对应关系与变换关系增加了算法的复杂度。此外，算法的代价函数中所采用的欧氏距离准则只有在两个点集至少粗略对齐时才有意义，如果初始点集对齐得不够好，效果也随之退化。

1.3.4　存在的问题及解决方案

前面介绍了一些目前公认的效果比较好的匹配算法，分析了基于对应关系（特

征）求解和基于变换关系求解的两类匹配算法的优劣。基于特征的匹配算法，方法简单易行，但匹配结果的鲁棒性还有待提高；基于变换关系的特征匹配算法相对来说更加鲁棒，但是其对点集初始化对应关系要求较高。因此，本书考虑一种将这两类方法相结合的匹配模型：先利用已有的特征匹配算法解决初始点对应的问题，满足变换关系求解对初始化对应关系的高需求；再设计一种比较好的变换关系求解算法，迭代计算更新变换参数和对应关系，达到好的匹配效果。

　　具体的解决思路如下：首先通过特征点检测算法提取特征点。然而，由于图像间存在视角变换、遮挡、重复纹理等情况，会出现大量的离群点，采用匹配特征点之间的局部描述子，可以过滤掉大部分离群点。这时再采用点集匹配算法就会取得满意的效果。这相当于一个由粗到精的匹配策略：通过特征描述子过滤离群点，采用图像局部信息进行粗略匹配；通过点集匹配算法估计一个全局的空间变换函数，采用图像的全局信息进行精确匹配。

　　除了上面介绍的一些点集特征，图像中的特征点往往存在一些特殊的约束关系，如对极几何和单应，与之相对应的图像点匹配算法也有很多研究。这些算法的主要框架是先通过特征点的局部描述子来建立粗略的点对应，然后基于得到的匹配点估计图像间精确的几何关系，从而去除匹配点对中的离群点。由于匹配点对中包含离群点，为了获取精确的图像点对应，需要鲁棒的估计子，搜索一部分满足某些全局几何约束的点对应，如对极几何约束。在过去的二三十年中，统计学和计算机视觉领域的学者提出了大量的鲁棒算法，以应对样本数据中可能包含的离群点。在统计学领域，两个具有代表性的方法是 Maronna 等（2006）提出的M 估计、Rousseeuw 等（2005）提出的最小中位平方（least median of squares，LMedS）估计。其中，前者最小化具有唯一极小值零的对称正定残差函数之和，后者最小化残差平方的中值。RANSAC 算法在一个"假设-验证"的框架下运作，其通过重复随机采样一个拟合待求解模型所需的最小数据集合来估计模型参数，然后测试每个解的支持度，并选择具有最高支持度的解为最优解。RANSAC 算法有一些变体，如 Torr 等（2000）的 MLESAC 算法，Chum 等（2003）的局部优化 RANSAC（locally optimized RANSAC，LO-RANSAC）算法及 Chum 等（2005）的 PROSAC 算法等。不同于 RANSAC 算法将内点的数量作为支持度，MLESAC 算法采用一个新的基于 M 估计子加权投票策略的损失函数，并选择最大化似然函数的解作为最优解。LO-RANSAC 算法基于度量当前验证步骤与当前最佳化假设的吻合程度，采用局部最优化来改进 RANSAC 算法的性能。相应地，PROSAC 算法通过表观信息对匹配点是否为内点做一个先验假设，从而改进 RANSAC 算法的采样步骤。Rangarajan 等（1997）详细地分析对比了 RANSAC 系列算法，Tran 等（2012）采用 RANSAC 算法结合仿射模型来近似求解图像中包含非刚性形变的情况。此外，近期也出现了一些不带显式参数模型的方法，如 Raguram 等（2008）提出的利用对应关系函数识别点对应（identifying correspondence function，ICF）方法，它通过学习一对对应函数，将一幅图像上的点映射到另一幅图像上，以消除误匹配。

1.3.5　研究趋势

基于点特征进行图像匹配时常常会遇到下列问题：①由于拍摄角度的不同，待匹配的图像上可能会出现遮挡、光照等多种因素造成的点匹配问题。其中一个重要因素是离群点的存在，它使许多存在于一个图像点集中的某些特征点，在另一个图像点集中不存在与之对应的点。具体说来，由于遮挡，图像中的一部分结构在另一幅图像中并未显现。②不同的图像由于设备、外界干扰及特征点提取算法等，在图像获取和特征提取过程中会不可避免地产生噪声，从而导致两个点集不可能精确匹配，增大了匹配误差。③当两个点集之间存在非刚性形变时，对变换关系进行建模可能需要包含一些高维非线性映射。受以上因素的影响，点集在空间分布上会产生较大的变化，增大了点集对应关系搜索的难度和变换关系建立的难度。一个好的点集匹配算法需要很好地应对噪声、离群点及形变等因素的影响。

早期，许多领域的学者根据本领域的需求提出了各种各样的点匹配方法来解决本领域的图像匹配问题，其适用范围有一定的局限性，如遥感图像匹配中常遇到的是仿射变换等简单形变，刚性点集匹配方法就可以很好地解决此类问题；医学图像配准，由于其成像本身的特点，匹配方法也有其明显的领域特点。这些方法都不能直接推广到解决复杂的自然图像匹配问题上来。近年来，越来越多的关于自然图像的 RPM 算法也被提出来了。现有的图像点匹配的研究主要有以下几个趋势。

（1）提出具有一般性的模型和算法，解决自然图像匹配问题。这主要是为了解决现有一些方法受限于某些特定的研究领域，不具备普适性的问题。

（2）综合多种已有匹配算法，解决匹配问题。将多种方法相结合，取长补短，克服某种单一算法鲁棒性不强的问题。

（3）对已有算法的改进。对现有算法的数学模型进行改进和完善，提高匹配的鲁棒性；研究现有算法的快速算法，提高匹配效率。

（4）将其他领域的算法引入点匹配问题的研究中。许多图像处理领域的方法都是受到其他领域的启发，如数学、仿生学、心理学等领域的很多理论和新发现都能为点匹配问题的解决提供借鉴。

（5）近年来许多深度学习的方法也被广泛地应用于解决计算机视觉问题，如He 等（2017，2016）及 Redmon 等（2018）将深度学习方法分别用于解决图像检索、目标识别与跟踪、图像分割等问题。基于学习的方法直接针对原始图像端对端地实现目标任务，如关键点提取、特征描述子构造、图像区域匹配等。不同于传统的 SIFT 算法，对于关键点检测和构造特征描述子，基于学习的方法目标是借助深度学习的框架，建立相同或相似场景的图像对间的稀疏点对应。由于抛弃了精确的几何模型，这些方法生成的匹配集仍然有许多误匹配，所以仍需有效的去误匹配方法。使用深度 CNN 提取图像中的深层特征，进行图像区域匹配，可用于图像宽基线立体视觉匹配、目标识别和配准。基于学习的立体视觉匹配方法，通过双目相机获取图像信息，得到每个像素的深度信息，在常见的数据集中得到了非常好的效果。该方法在许多立体视觉应用中，如自动驾驶、机器人、三维场景重建中取得了巨大的成功，但这些方法要求图像对间有较大的重叠。关于匹配的另一个深度学习的应用是从两个三维点云中学习全局或局部特征，建立可靠的对应关系。这种方法的思想是从稠密点的分布找到三维点云配准，形成上下文结构。这一点类似于图像的纹理，应用深度 CNN 可以很容易实现。从点云中得到的特征描述子可以代替传统手工设计的一些特征，如快速点特征直方图和自旋图方法等。然而，由于缺少上下文信息，通用的三维点云学习策略并不适用于稀疏二维特征点。事实上，直接用二维稀疏特征点学习来替代图像像素信息，用于建立图像特征点对应关系的方法尚未得到充分研究。Yi 等（2018）提出了一种基于多层感知机的深度学习方法，但这种方法要求预知相机的内在参数，而且依赖于一系列参数变换模型，不能处理更一般的匹配问题，如包含非刚性形变的图像匹配。

基于以上问题和趋势，本书的研究重点主要是：①提出通用的点集匹配算法来解决自然图像匹配问题，提出的方法要能够很好地应对离群点、噪声和非刚性形变等问题；②利用已有的研究成果，如现有的特征匹配算法，改进本书的算法，所提出的方法要比现有方法更鲁棒，得到更好的匹配效果；③对于更复杂的、图像中包含多种不同层次的运动问题进行研究，这个问题非常重要，可以用于解决同一目标在不同背景下的目标识别问题；④匹配算法的应用——图像检索问题的研究。

第2章 基于空间关系一致性的 刚性点集匹配算法

2.1 概 述

图像几何关系研究来自同一场景的、从不同角度拍摄的两幅或多幅图像间的关系。估计图像的几何关系是计算机视觉中的一个重要任务，如 Hartley 等（2003）提出的从多幅二维图像恢复物体的三维结构、摄像机自校准、图像的立体匹配等。在本书中，刚性模型特指图像满足的精确的几何模型，如对极几何和单应矩阵。如图 2.1 所示，图 2.1（a）是一个宽基线图像对，其满足对极几何，其中蓝色和红色的线分别表示采用 SIFT 算法特征点匹配得到的正确匹配和误匹配，将匹配转化为图 2.1（b）中的一些向量，可以看到，正确的匹配即蓝色的箭头具有某种共同的趋势，本书称为 CSR。

由图 2.1（c）上蓝色箭头可以看出，正确的匹配对具有 CSR，而从图 2.1（b）中红色箭头可以看出，误匹配的空间关系比较杂乱。误匹配消除一直是点集匹配中的一个难点，很多现有方法都很难将点集中的误匹配很好地分离、消除。如果能够利用图像的 CSR，就可以去掉大部分的误匹配，从而提高匹配的正确率。因此本章考虑在图像变换关系求解阶段，利用 CSR 消除其中的误匹配。

本章提出了一种基于空间关系一致性的刚性点集匹配模型（coherent spatial relation-rigid model，CSR-RM），并将其用于解决图像匹配问题。研究的目标是建

(a) 图像对的点对应关系

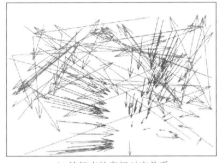

(b) 特征点的空间对应关系　　　　　　　(c) 正确的特征点空间对应关系

图 2.1　刚性情况下的 CSR（后附彩图）

（a）为采用 SIFT 算法得到的图像特征点匹配对，其中蓝色表示正确的匹配对，红色表示错误的匹配对；（b）表示使用图 2.1（a）所有的匹配对得到的空间对应关系，箭头的头尾分别是匹配点在图 2.1（a）中左图和右图的空间位置，蓝色箭头表示正确的对应关系，红色箭头表示错误的对应关系；（c）表示使用正确的匹配对得到的空间对应关系，箭头的头尾分别是匹配点在图 2.1（a）中左图和右图的空间位置

立同一个场景在两个不同成像条件下获取的图像之间点对应的关系。这里的不同成像条件包括不同时间、不同成像仪器、不同成像角度等。在计算机视觉中很多任务，如建立 3D 模型，摄像机自标定、校准，目标识别、跟踪及结构与运动的恢复等，均是在图像点对应已经正确恢复的假设上进行的。

估计图像的几何位置关系需要许多图像点对，这些点对通常需要先检测图像的兴趣点，然后通过图像的局部描述子建立这些兴趣点的初始匹配。由于图像可能存在视角、遮挡和重叠结构等因素，基于局部描述子的图像匹配会产生误匹配等问题。这些误匹配会导致一些传统的方法失效，如最小二乘估计方法。在这种情况下，需要鲁棒的估计算法来提供稳定的结果。

CSR-RM 的思路是：首先采用已有特征匹配算法建立初始匹配；然后利用 CSR 消除其中的误匹配，其中 CSR 采用图像间真实的几何变换来建模，如对极几何和单应；迭代更新对应关系集合和模型参数，直至收敛。在求解变换模型前，采用建立初始匹配单独进行匹配求解的原因是：一方面，由于原始点集中任何两个点之间都可能对应，这样大大增大了点集对应关系的搜索空间。另一方面，在这种框架下，容忍离群点的能力非常有限。由特征匹配算法得到点集，缩小了点集搜索的范围，提高了初始对应关系点集中内点的比率。

2.2　图像初始特征点的提取与匹配

大多数特征点检测算法的核心遵从几点：线段的交叉点、闭合区域的中心或基于小波变换的局部模极大值。角点则由于很难从数学层面上定义而成为特殊的一类特征。角点可以理解为区域边界上具有高曲率的点。目前已经有很多工作致力于开发精确、鲁棒并且快速的角点检测算法，具体请参考 Harris 等（1988）、Zheng 等（1999）角点检测算法相关文献。

本章采用 Lowe（2004）提出的 SIFT 算法提取特征，该算法在 1.3 节已经进行了介绍。有了图像的特征点及其描述子，下面需要进一步建立特征点之间的对应。利用 SIFT 特征进行匹配时，SIFT 特征描述子可以看成 128 维空间中的一个点。因而，不同特征描述子之间的相似度可以用它们之间的距离来度量。这里 SIFT 算法采用的是欧氏距离，即对于一幅图像上的某个特征点，寻找另一幅图像上与其描述子具有最小欧氏距离的特征点。

在匹配中受遮挡、重复纹理、视点变换等的影响，采用局部信息匹配难免会存在误匹配。SIFT 算法在搜索最邻近特征向量时还搜索次邻近特征向量，采用距离比值阈值来确定匹配点。距离比值阈值定义为最邻近欧氏距离与次邻近欧氏距离比值。当距离比值小于给定的阈值时，则保留为匹配点；大于给定的阈值，则认为该匹配对不可靠并消除。使用这个匹配策略在多数情况下会消除许多误匹配并且不会误伤太多的正确匹配。注意到采用 SIFT 特征点进行匹配时，距离比值阈值越小，初始点对应数量越多，但初始内点比率也越小。

此外，还有其他一些常用的特征提取算法可以用于寻找特征点，如 Bay 等（2006）提出的 SURF 算法，Rublee 等（2011）提出的 ORB 算法等。图 2.2 分别显示了这三种特征提取算法在典型图像上提取特征的结果。从结果中可以看出，

(a) SIFT算法特征提取结果

(b) SURF算法特征提取结果

(c) ORB算法特征提取结果

图 2.2　三种特征提取算法得到的特征提取结果

小圆圈表示提取的特征点

SURF 算法提取的特征点散布在整幅图像中，ORB 算法倾向于在纹理丰富的区域提取特征点，而 SIFT 算法可看成两者的折中。

2.3　空间关系一致性算法

在 2.2 节中，采用 SIFT 算法建立了图像特征点的一个粗略对应。而在视觉应用中，往往需要建立精确的点对应关系以完成相应的任务。本节提出了一种新方法并深入讨论图像特征点误匹配的消除问题。

现在问题转化为：假设有一对图像，用 SIFT 算法提取特征点得到集后 $S = \{(x_i, y_i)\}_{i=1}^n$，其中 x_i 和 y_i 为图像特征点的位置，其通过对应的 SIFT 特征描述子建立起初始的对应。匹配点对 S 受到噪声和误匹配（离群点）的污染，本章的目的是消除其中的误匹配以建立精确的特征点对应关系。

用 M 来表示图像对之间潜在的变换关系，即对于一个正确的匹配（内点）有 $M(x_i, y_i) = 0$。这里仍然采用齐次坐标来表示图像点，即 $x = (x^x, x^y, 1)^T$。显然，如果能成功地恢复出图像变换 M，离群点就很容易辨别出来，而估计图像变换 M 也需要精确的匹配点。本章提出了一种 CSR 算法来求解此类问题，具体实施时是将算法思想应用于图像特征点误匹配消除问题上。

2.3.1　问题建模

给定两幅图像中特征点匹配对集合 $S = \{(x_i, y_i)\}_{i=1}^n$，研究的目标是在获取这两幅图像的二维几何关系的同时，获得特征点的正确匹配。为了解决这个问题，将问题建模成一个最大似然模型，然后在 EM 算法的框架下进行求解。特征点匹配对集合一般包含有离群点和噪声。离群点主要是由图像中的某一部分在另一图像中没有真实对应造成的。噪声点产生的原因主要是：获取图像的设备造成的图像噪声；由于特征提取算法及图像分辨率，提取的特征点位置与实际位置的偏差造成的噪声等。

因此，对于匹配对 $(\boldsymbol{x}_i, \boldsymbol{y}_i)$，若其为内点，由于噪声的存在，$M(\boldsymbol{x}_i, \boldsymbol{y}_i)$ 不会精确为 0，假设其满足均值为 0，协方差为 $\sigma^2 \boldsymbol{I}$ 的高斯分布，即 $M(\boldsymbol{x}_i, \boldsymbol{y}_i) = \varepsilon_i$，$\varepsilon_i \sim N(0, \sigma^2)$，则匹配对的概率分布满足：

$$p_{\text{inlier}}(\boldsymbol{x}_i, \boldsymbol{y}_i \mid \boldsymbol{\theta}) = N[M(\boldsymbol{x}_i, \boldsymbol{y}_i) \mid 0, \sigma^2 \boldsymbol{I}] = \frac{1}{2\pi\sigma^2} e^{\frac{\|M(\boldsymbol{x}_i, \boldsymbol{y}_i)\|^2}{2\sigma^2}} \tag{2.1}$$

式中：$\boldsymbol{\theta} = \{M, \sigma^2, \gamma\}$ 代表未知参数集；$\boldsymbol{I}$ 为单位矩阵，γ 为混合系数，表示内点的比率，$1 - \gamma$ 为离群点比率。

对于离群点，则满足均匀分布：

$$p_{\text{outlier}}(\boldsymbol{x}_i, \boldsymbol{y}_i) = \frac{1}{a} \tag{2.2}$$

式中：a 为一个常数。

匹配对 $(\boldsymbol{x}_i, \boldsymbol{y}_i)$ 的分布函数为混合模型，具体如下：

$$p(\boldsymbol{x}_i, \boldsymbol{y}_i \mid \boldsymbol{\theta}) = \gamma p_{\text{inlier}} + (1 - \gamma) p_{\text{outlier}}$$
$$= \frac{\gamma}{2\pi\sigma^2} e^{\frac{\|M(\boldsymbol{x}_i, \boldsymbol{y}_i)\|^2}{2\sigma^2}} + \frac{1 - \gamma}{a} \tag{2.3}$$

假设各点是独立同分布的，则对于点集 S 有如下似然函数：

$$p(S \mid \boldsymbol{\theta}) = \prod_{i=1}^{n} \frac{\gamma}{2\pi\sigma^2} e^{\frac{\|M(\boldsymbol{x}_i, \boldsymbol{y}_i)\|^2}{2\sigma^2}} + \frac{1 - \gamma}{a} \tag{2.4}$$

可以通过最大化式（2.4）的似然函数值得到参数 $\boldsymbol{\theta}$，即给定一个 $\boldsymbol{\theta}$ 的 MLE：

$$\boldsymbol{\theta}^* = \text{argmax}_{\boldsymbol{\theta}} \, p(S \mid \boldsymbol{\theta})$$

这等价于最小化能量函数：

$$E(\boldsymbol{\theta}) = -\sum_{i=1}^{n} \ln p(\boldsymbol{x}_i, \boldsymbol{y}_i \mid \boldsymbol{\theta}) \tag{2.5}$$

对于平面图像和宽基线图像，分别用单应和基础矩阵来估计图像变换 M，从而可以剔除离群点。2.3.2、2.3.3 小节中，先介绍求解该优化问题的 EM 算法，然后介绍变换关系 M 的估计方法。

2.3.2　问题求解

关于估计模型参数的方法通常有几种：EM 算法、梯度下降法及变分推导等。其中 EM 算法是一个处理含有隐变量问题的一般方法。其包含两步迭代：求期望（expectation，E），确定点集间的对应关系，简称 E 步；最大化（maximization，M）目标函数，求解变换参数，简称 M 步。

本章采用 EM 算法进行求解。在 E 步，在给定的图像变换 M 下，估计每一个样本点属于内点的可能性有多大；在 M 步，根据现有估计的对应关系，更新图像变换 M。采用一个隐变量 $z_i \in \{0,1\}$ 来指示匹配对 $(\boldsymbol{x}_i, \boldsymbol{y}_i)$ 是内点或离群点，其中 $z_i = 1$ 表示一个高斯分布，对应于内点，$z_i = 0$ 表示点对服从均匀分布，对应于离群点。依据 Petrakis 等（2002）提出的标准的 EM 算法并省略掉其中独立于参数集 θ 的项，得到完全数据对数似然：

$$
\begin{aligned}
Q(\boldsymbol{\theta}, \boldsymbol{\theta}^{\text{old}}) = & -\frac{1}{2\sigma^2} \sum_{i=1}^n P(z_i = 1 \mid \boldsymbol{x}_i, \boldsymbol{y}_i, \boldsymbol{\theta}^{\text{old}}) \| M(\boldsymbol{x}_i, \boldsymbol{y}_i) \|^2 \\
& - \ln \sigma^2 \sum_{i=1}^n P(z_i = 1 \mid \boldsymbol{x}_i, \boldsymbol{y}_i, \boldsymbol{\theta}^{\text{old}}) \\
& + \ln \gamma \sum_{i=1}^n P(z_i = 1 \mid \boldsymbol{x}_i, \boldsymbol{y}_i, \boldsymbol{\theta}^{\text{old}}) \\
& + \ln(1 - \gamma) \sum_{i=1}^n P(z_i = 0 \mid \boldsymbol{x}_i, \boldsymbol{y}_i, \boldsymbol{\theta}^{\text{old}})
\end{aligned}
\tag{2.6}
$$

1. E 步

采用当前的参数值 $\boldsymbol{\theta}^{\text{old}}$ 来估计隐变量的后验分布。令 $P = \text{diag}(p_1, p_2, \cdots, p_n)$，$p_i = P(z_i = 1 \mid \boldsymbol{x}_i, \boldsymbol{y}_i, \boldsymbol{\theta}^{\text{old}})$。使用贝叶斯准则可得

$$
p_i = \frac{\gamma \mathrm{e}^{-\frac{\varepsilon_i^2}{2\sigma^2}}}{\gamma \mathrm{e}^{-\frac{\varepsilon_i^2}{2\sigma^2}} + \sqrt{2\pi\sigma^2}(1-\gamma)/a}
\tag{2.7}
$$

式中，$\varepsilon_i = M(\boldsymbol{x}_i, \boldsymbol{y}_i)$，这里后验概率 p_i 指示第 i 对匹配与当前估计出的图像变换 M 的吻合程度。

2. M 步

基于样本为内点的后验概率，通过对目标函数 $Q(\boldsymbol{\theta})$ 求导来更新参数值 $\boldsymbol{\theta}^{\text{new}}$：
$$\boldsymbol{\theta}^{\text{new}} = \arg\max_{\boldsymbol{\theta}} Q(\boldsymbol{\theta}, \boldsymbol{\theta}^{\text{old}})$$
注意到 $\boldsymbol{\theta} = \{\boldsymbol{F}, \sigma^2, \gamma\}$，首先求解参数 σ^2。为此，考虑式（2.6）中关于 σ^2 的项，即

$$
Q(\sigma^2) = -\frac{1}{2\sigma^2} \sum_{i=1}^n p_i \varepsilon_i^2 - \ln \sigma^2 \sum_{i=1}^n p_i
\tag{2.8}
$$

将式（2.8）对 σ^2 求导并令导数为 0，得到如下关于 σ^2 的解：

$$\sigma^2 = \sum_{i=1}^{n} p_i \varepsilon_i^2 \bigg/ \sum_{i=1}^{n} p_i \qquad (2.9)$$

接下来求解混合系数 γ 。为此考虑式（2.6）中关于 γ 的项，即

$$Q(\gamma) = \ln \gamma \sum_{i=1}^{n} p_i + \ln(1-\gamma) \sum_{i=1}^{n} (1 - p_i) \qquad (2.10)$$

将式（2.10）对 γ 求导并令导数为 0，得到如下关于 γ 的解：

$$\gamma = \sum_{i=1}^{n} \frac{p_i}{n} \qquad (2.11)$$

为了完成 EM 算法，在 M 步，需要估算基础矩阵 $\boldsymbol{F}$，估计图像变换 M，因此这是本章算法里的关键一步。在 2.3.3 节将在图像变换估计问题的论述中，详细分析这一步的实现过程。

一旦 EM 算法收敛，就可以得到图像变换 M，从而误匹配可以通过检查匹配对是否与 M 吻合来消除。本章中，通过预定义一个阈值 τ 来获取正确匹配对的集合：

$$I = \{i : p_i > \tau, i = 1, 2, \cdots, n\} \qquad (2.12)$$

2.3.3　刚性变换估计

依据式（2.6）的完全对数似然，图像变换通过最小化如下加权的经验误差函数来获取：

$$Q(M) = \sum_{i=1}^{n} p_i \parallel M(\boldsymbol{x}_i, \boldsymbol{y}_i) \parallel^2 \qquad (2.13)$$

考虑两种图像刚性运动模型，即对极几何和射影变换。对极几何运动模型为一般的摄像机运动模型，任何两个角度拍摄的一个静态场景的图像都会满足对极几何约束，其由基础矩阵 $\boldsymbol{F}$ 定义：$\boldsymbol{x}^T \boldsymbol{F} \boldsymbol{y} = 0$。特别地，如果所有拍摄到的场景位于同一个平面上，或者摄像机在拍摄时只是围绕光轴旋转而没有平移，那么图像对应点将满足一个射影变换 H（单应）：$\boldsymbol{y} = H\boldsymbol{x}$。在这两种情况下，图像变换 M 的形式分别为：$M(\boldsymbol{x}, \boldsymbol{y}) = \boldsymbol{x}^T \boldsymbol{F} \boldsymbol{y}$ 和 $M(\boldsymbol{x}, \boldsymbol{y}) = \boldsymbol{y} - H\boldsymbol{x}$。下面首先讨论基础矩阵的情况，随后讨论单应变换。

1. 基础矩阵的估计

由于图像变换 M 具有形式 $M(\boldsymbol{x}, \boldsymbol{y}) = \boldsymbol{x}^T \boldsymbol{F} \boldsymbol{y}$，于是加权经验误差函数式（2.13）变为

$$Q(\boldsymbol{F}) = \sum_{i=1}^{n} p_i (\boldsymbol{x}_i^T \boldsymbol{F} \boldsymbol{y}_i)^2 \qquad (2.14)$$

显然，$\boldsymbol{F} = 0$ 为式（2.14）的最优解，但这个解没有意义，本章的目的是寻找 $\boldsymbol{F}$ 的一个非零解。为了避免零解，需要添加额外的约束。一般来说，可以对 $\boldsymbol{F}$ 的范数进行约束，如 $\| \boldsymbol{F} \| = 1$。$\boldsymbol{F}$ 范数的具体值并不重要，因为基础矩阵 $\boldsymbol{F}$ 的尺度是自由的。令 $\boldsymbol{f}$ 为一个 9 维的向量，其值为将 $\boldsymbol{F}$ 以行主元的顺序排列而成，如

$$\boldsymbol{f} = (F_{11}, F_{12}, F_{13}, F_{21}, F_{22}, F_{23}, F_{31}, F_{32}, F_{33})^{\mathrm{T}} \tag{2.15}$$

$\boldsymbol{A}$ 为系数矩阵，具有如下形式：

$$\boldsymbol{A} = \begin{bmatrix} y_1^x x_1^x & y_1^x x_1^y & y_1^y y_1^y x_1^x & y_1^y x_1^y & y_1^y x_1^x & x_1^y & 1 \\ \vdots & \vdots & \vdots & \vdots & \vdots & \vdots & \vdots \\ y_n^x x_n^x & y_n^x x_n^y & y_n^x y_n^y x_n^x & y_n^y x_n^y & y_n^y x_n^x & x_n^y & 1 \end{bmatrix} \tag{2.16}$$

从而，经验误差式（2.14）可以表示为一个范数形式：

$$Q(\boldsymbol{F}) = \| \boldsymbol{P}^{1/2} \boldsymbol{A} \boldsymbol{f} \|^2 \tag{2.17}$$

在约束条件 $\| \boldsymbol{f} \| = 1$ 情况下最小化该目标函数，这个问题等价于最小化函数：

$$Q(\boldsymbol{f}) = \frac{\| \boldsymbol{P}^{1/2} \boldsymbol{A} \boldsymbol{f} \|^2}{\| \boldsymbol{f} \|} \tag{2.18}$$

该问题的解为 $\boldsymbol{P}^{1/2} \boldsymbol{A}$ 的最小奇异值对应的单位奇异向量。特别地，如果

$$\boldsymbol{P}^{1/2} \boldsymbol{A} = \boldsymbol{U} \boldsymbol{D} \boldsymbol{V}^{\mathrm{T}} \tag{2.19}$$

式（2.19）表示对 $\boldsymbol{P}^{1/2} \boldsymbol{A}$ 进行奇异值分解。其中 $\boldsymbol{U}$ 和 $\boldsymbol{V}$ 是奇异值分解中的酉矩阵，$\boldsymbol{D}$ 为正的对角矩阵，其元素以降序排列，则 $\boldsymbol{f}$ 的解即为矩阵 $\boldsymbol{V}$ 的最后一列。此外，基础矩阵 $\boldsymbol{F}$ 具有秩为 2 的重要性质。为了使其满足这个约束，在每次迭代中以与 $\boldsymbol{F}$ 在 Frobenius 范数意义下最接近的奇异矩阵 $\hat{\boldsymbol{F}}$ 来代替原来的 $\boldsymbol{F}$。特别地，如果 $\boldsymbol{F} = \boldsymbol{U} \boldsymbol{D} \boldsymbol{V}^{\mathrm{T}}$ 且 $\boldsymbol{D} = \mathrm{diag}(d_1, d_2, d_3)$ 的对角元素以降序排列，采用如下矩阵代替 $\boldsymbol{F}$：

$$\hat{\boldsymbol{F}} = \boldsymbol{U} \begin{bmatrix} d_1 & & \\ & d_2 & \\ & & 0 \end{bmatrix} \boldsymbol{V}^{\mathrm{T}} \tag{2.20}$$

注意式（2.7），后验概率 p_i 代表第 i 对匹配点为正确匹配的概率。若 $p_i = 0$，匹配对 $(\boldsymbol{x}_i, \boldsymbol{y}_i)$ 被认为是离群点，此时它将不参与基础矩阵的估计。

2. 单应的估计

如同上节提及的，在某些情况下，匹配点由一个单应 $\boldsymbol{H}$ 来关联，此时图像变换具有形式 $M(\boldsymbol{x}, \boldsymbol{y}) = \boldsymbol{y} - \boldsymbol{H} \boldsymbol{x}$，那么经验误差函数式（2.13）变为

$$Q(\boldsymbol{H}) = \sum_{i=1}^{n} p_i \| \boldsymbol{y}_i - \boldsymbol{H} \boldsymbol{x}_i \|^2 \tag{2.21}$$

首先内点的噪声被定义为这样的形式：$\boldsymbol{\varepsilon}_i = \boldsymbol{C}_i \boldsymbol{h}$，这里 $\boldsymbol{\varepsilon}_i \sim N(0, \sigma^2 \boldsymbol{I}_{2 \times 2})$。由

于齐次坐标，这里三元组的向量 $\boldsymbol{y}_i$ 和 $\boldsymbol{Hx}_i$ 可能在尺度上不同，于是等式 $\boldsymbol{y}=\boldsymbol{Hx}$ 以叉积的形式表示，得

$$\boldsymbol{C}_i\boldsymbol{h}=\boldsymbol{0} \tag{2.22}$$

其中 $\boldsymbol{h}$ 为一个 9 维的向量，其值为将 $\boldsymbol{H}$ 以行主元的顺序排列而成，系数矩阵：

$$\boldsymbol{C}_i=\begin{bmatrix} \boldsymbol{x}_i^{\mathrm{T}} & \boldsymbol{0}^{\mathrm{T}} & -y_i^x\boldsymbol{x}_i^{\mathrm{T}} \\ \boldsymbol{0} & \boldsymbol{x}_i^{\mathrm{T}} & -\boldsymbol{y}_i^{\mathrm{T}}\boldsymbol{x}_i^{\mathrm{T}} \end{bmatrix} \tag{2.23}$$

为了在 M 步中估计 $\boldsymbol{h}$，经验误差式（2.21）可以表示为一个范数形式：

$$Q(\boldsymbol{h})=\sum_{i=1}^{n}p_i\|\boldsymbol{C}_i\boldsymbol{h}\|^2=\|\tilde{\boldsymbol{P}}^{1/2}\boldsymbol{C}\boldsymbol{h}\|^2 \tag{2.24}$$

式中：$\boldsymbol{C}=(\boldsymbol{C}_1,\boldsymbol{C}_2,\cdots,\boldsymbol{C}_n)$ 是一个 $2n\times9$ 的矩阵；$\tilde{\boldsymbol{P}}=\boldsymbol{P}\otimes\boldsymbol{I}_{2\times2}$，且 $\otimes$ 表示克罗内克积；$\boldsymbol{I}$ 表示单位矩阵。关于求解 $\boldsymbol{h}$ 剩下的步骤与上面求解基础矩阵的过程一样，见式（2.18）和式（2.19），这里省略具体推导以免赘述。

另外，算法的性能通常跟坐标系有关，对两幅图像特征点的位置分别标准化。特别地，对特征点集 $\{\boldsymbol{x}_i\}$ 和 $\{\boldsymbol{y}_i\}$ 分别计算相似变换 T_x 和 T_y，如 $\hat{\boldsymbol{x}}_i=T_x\boldsymbol{x}_i$，这使两组特征点均有零均值且平均距离为 $\sqrt{2}$。将图像刚性运动模型下误匹配剔除算法的流程总结在算法 2.1 中。

算法 2.1　图像刚性运动模型下误匹配剔除算法

输入　初始特征点对应集合 $S=\{(\boldsymbol{x}_i,\boldsymbol{y}_i)\}_{i=1}^{n}$，参数 τ、a

输出　图像变换 F 或 H，内点集合 I

标准化：$\hat{\boldsymbol{x}}_i=T_x\boldsymbol{x}_i$，$\hat{\boldsymbol{y}}_i=T_y\boldsymbol{y}_i$。

参数的初始化：$\gamma=0.9,P=\gamma I$。

迭代

　　E 步：

　　　　如果是第一次迭代，直接跳到 M 步；

　　　　使用式（2.7）更新后验概率 p_i。

　　M 步：

　　　　采用 2.3.3 节的方法更新 $\hat{F}$ 或 $\hat{H}$；

　　　　使用式（2.9）和式（2.11）分别更新参数 σ^2 和 γ。

直到达到收敛条件。

反归一化：令 $F=T_y^{\mathrm{T}}\hat{F}T_x$ 或 $H=T_y^{\mathrm{T-1}}\hat{H}T_x$。

内点集 $\mathscr{I}$ 由式（2.12）决定。

2.4　算法复杂度分析

通常情况下，点匹配的好坏依赖于表示点集的坐标系，因此必须对数据进行规范，以得到好的结果。算法的时间复杂度分析如下：第 1 步的时间复杂度为 $O(n)$；第 2 步的时间复杂度为 $O(1)$；E 步中，计算后验概率的时间复杂度为 $O(n)$；M 步中，更新 F 需要进行矩阵的奇异值分解，可以通过计算矩阵 P 的第 i 个对角元素的平方根与 A 矩阵第 i 行的乘积来得到 $P^{1/2}A$，这一步复杂度为 $O(n)$；$n \times m$ 矩阵的准确奇异值分解的时间复杂度为 $O(\min\{mn^2, m^2n\})$。由式（2.16）可知，这里 $m = 9$，因此取最小时为 $O(81n)$，复杂度与常数项无关，因而为 $O(n)$。由上述分析可知，算法 2.1 为线性尺度下的点对应，其中的每一步中最大的复杂度为 $O(n)$，因此该算法每次迭代的时间复杂度是 $O(n)$，与匹配点数呈线性关系。

2.5　实验结果及分析

为了证明 CSR-RM 算法的有效性，这里在几个真实图像对上估计基础矩阵和单应，并与其他四种最先进的点集匹配算法进行比较：Fischler 等（1981）的 RANSAC 算法、Torr 等（2000）的 MLESAC 算法、Li 等（2010）的 ICF 算法、Zhao 等（2011）的 VFC 算法。依据 Li 等（2010）的文献，我们编程实现 ICF 算法并调试参数使其效果达到最佳，对于 RANSAC 算法和 MLESAC 算法及 VFC 算法，依据作者发布的核心代码编程实现。实验过程中所有五个算法的参数均固定。

2.5.1　实验配置

本章 CSR-RM 算法主要有两个参数：均匀分布参数 a 和内点阈值 τ。在接下来的实验中，对于计算基础矩阵和单应，分别固定参数 a 为 2 和 1，阈值 $\tau = 0.75$。在使用 SIFT 算子找初始匹配点时，使用基于 MATLAB 的开源代码 VLFeat。为了验证算法的有效性，实验在大量真实图像上测试 CSR-RM 算法。

在 Mikolajczyk 数据集上测试本章 CSR-RM 算法。该数据集包含不同场景类型的八组数据：Bark、Bikes、Boat、Graf、Leuven、Trees、UBC、Wall，每组由六张包含不同几何或光度变换的图像组成。图 2.3 显示了每组数据的第 1 和第 3 幅图像。此外，数据集中的图像要么是平面场景，要么在获取时摄像机的位置固定，于是图像均满足平面射影变换（单应）关系。数据集还提供了准确的单应变换的真实值。

(a) Graf　　　　　　(b) Wall　　　　　　(c) Boat　　　　　　(d) Bark

(e) Bikes　　　　　(f) Trees　　　　　(g) Leuven　　　　　(h) UBC

图 2.3　Mikolajczyk 数据集中选择的样本图像

2.5.2　单应实验结果

实验时，选择其中的四组（Graf、Wall、Boat、Bark）包含图像几何变换（如大的视角、图像旋转和仿射变换）的数据进行实验。对于每一组图像，将第 1 幅图像与其余五幅图像进行配对，构成五组图像对，于是共有 20 个图像对。该数据集里的图像是平面场景或在获取图像的过程中摄像机的光心是固定的，因此图像间的变换关系满足平面射影变换，从而该数据集既适合用来进行基础矩阵的估计又适合用来进行单应的估计。图 2.4（a）～（b）显示了其中这四组图像中每组第 1 幅与第 3 幅、第 1 幅与第 5 幅图像对，共八个图像对的匹配结果。

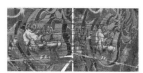

(a) Graf 1-3图像对匹配结果（视角变化，结构场景）　　　(b) Graf 1-5图像对匹配结果（视角变化，结构场景）

(c) Wall 1-3图像对匹配结果（视角变化，纹理场景）　　　(d) Wall 1-5图像对匹配结果（视角变化，纹理场景）

(e) Boat 1-3图像对匹配结果（旋转及缩放，结构场景）　　(f) Boat 1-5图像对匹配结果（旋转及缩放，结构场景）

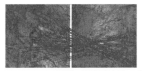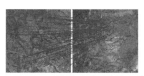

(g) Bark 1-3图像对匹配结果（旋转及缩放，纹理场景）　　(h) Bark 1-5图像对匹配结果（旋转及缩放，纹理场景）

图 2.4　CSR-RM 算法在 Mikolajczyk 实验图像对上的匹配结果（后附彩图）

左边图像对上的线指示图像上特征点的对应关系，蓝色线表示正确的对应，即真正；绿色的线表示被错误剔除的正确对应，即假负；红色的线表示被错误保留的误匹配，即假正。右边图像上用箭头表示图像上点对的空间对应关系，箭头的头尾分别是匹配点在左边图像对中左图和右图的空间位置，箭头的颜色代表匹配结果，蓝色表示真正；黑色表示真负；绿色表示假负；红色表示假正

　　为了在图 2.4 上能够清楚地显示对应关系，这里仅仅随机取了一部分结果进行显示。由图 2.4 上八个结果可以看到，红线表示的假正的情况并不多，绿色表示的假负比较多，说明此时对误匹配"漏检"的情况比较少，但是经常会把正确的匹配"误判"为误匹配而去掉。对图 2.3 实验结果的定量分析及与一些现有最好方法的比较如表 2.1 所示。结果的定量分析中，采用剔除误配以后的精度/正确率（p）和召回率（r）来度量算法的性能：

$$p = \frac{\text{保留的正确匹配对数量}}{\text{保留的匹配对数量}} \tag{2.25}$$

$$r = \frac{\text{保留的正确匹配对数量}}{\text{正确匹配对数量}} \tag{2.26}$$

表 2.1　各种方法在图 2.3 图像对上的实验结果统计

算法	计算值图像	Bark 1-3	Bark 1-5	Boat 1-3	Boat 1-5	Graf 1-3	Graf 1-5	Wall 1-3	Wall 1-5
原始数据	匹配对数量	561	344	916	383	594	77	1155	386
	正确匹配对数量	426	212	793	231	434	11	1094	295
	内点比率/%	75.94	61.63	86.57	60.31	73.06	10.39	94.72	76.42

续表

算法	计算值图像	Bark 1-3	Bark 1-5	Boat 1-3	Boat 1-5	Graf 1-3	Graf 1-5	Wall 1-3	Wall 1-5
RANSAC算法	保留的匹配对数量	425	213	800	233	455	39	1096	295
	保留的正确匹配对数量	425	212	793	231	434	4	1094	295
	精度/%	100.00	99.53	99.13	99.14	95.38	10.26	99.82	100.00
	召回率/%	99.77	100.00	100.00	100.00	100.00	36.36	100.00	100.00
MLESAC算法	保留的匹配对数量	425	212	795	231	446	19	1095	295
	保留的正确匹配对数量	425	212	793	231	432	2	1094	295
	精度/%	100.00	100.00	99.75	100.00	96.86	10.53	99.91	100.00
	召回率/%	99.77	100.00	100.00	100.00	99.54	18.18	100.00	100.00
CSR-RM算法	保留的匹配对数量	424	200	770	227	434	13	1081	293
	保留的正确匹配对数量	424	200	770	227	420	2	1081	293
	精度/%	100.00	100.00	100.00	100.00	100.00	15.38	100.00	100.00
	召回率/%	99.53	94.34	97.04	98.27	96.77	18.18	98.81	99.32

　　一般来说，我们需要算法保留下来的点尽可能都是正确匹配，因为在很多实际应用中如三维重建，我们并不需要大量点匹配来恢复图像的对极几何关系，但是需要保证建立的点匹配是准确的，也就是说精度比召回率更加重要。另外，保留下来的点太少也会有问题，如在复杂的场景中，如果算法仅保留其中单个目标上的特征匹配，那么将无法正确恢复出整个场景的对极几何关系。总而言之，需要在提高算法匹配精度的同时，尽可能提高算法的召回率。表 2.1 中匹配对数量为 SIFT 算子得到的初始匹配点对应；正确匹配对数量为依据该数据集的真值确定的初始匹配对中正确的匹配对数量；内点比率为以上两者的比值；保留的匹配对数量为采用某种算法后留下的匹配对数量；保留的正确匹配对数量为采用某种算法后留下的匹配对中真实的匹配对数量。

　　由表 2.1 的结果可知，对于 Mikolajczyk 数据集，当内点比率比较高时，本章的 CSR-RM 算法可以取得比较好的结果，特别是精度结果会比较好，但召回率会较低，即一些正确的匹配点也被当成误匹配被去掉了。当内点比率比较低时，如 Graf 1-5 图像对，内点比率只有 10.39%，各种方法的匹配效果都不好。

　　图 2.5 形象地表现了图像匹配对的 CSR，这里选用 Boat 第 1 和第 3 张图像中的匹配对，显示在 Boat 图像 1 上，线的两端点表示匹配对在第 1 张图和第 3 张图上的位置。

(a) SIFT算法所得匹配结果　　　　(b) 只保留正确匹配结果　　　　(c) 被去除的误匹配结果

图 2.5　Boat 匹配点的匹配结果

图 2.5（a）表示用 SIFT 算法得到的匹配结果，给人的感觉是杂乱无章的，因为里面包含正确的匹配对和错误的匹配对；图 2.5（b）表示用本章 CSR-RM 算法得到的正确的匹配对，可以看到正确的匹配关系是具有 CSR 的；图 2.5（c）表示用本章 CSR-RM 算法剔除的误匹配对。

对于满足刚性运动模型的图像对，建立精确的特征点匹配通常用来恢复图像几何关系，极线几何和单应。因此，评估基础矩阵或单应变换的精度非常重要。实验中 SIFT 距离比值阈值 t 设为默认值 1.5，来保证初始内点率不会太低。估计出的单应精度由内点的标准差来评估：

$$\sigma^* = \left(\frac{1}{|\mathcal{T}|}\sum_{i \in I} \| \varepsilon_i \|^2 \right)^{1/2} \tag{2.27}$$

式中：$\mathcal{T}$ 为估计出的内点（即正确匹配）集合；$|\cdot|$ 表示点集的势。一般来说，σ^* 的值越小代表估计越精确，插值效果越好。

实验结果图 2.6 给出了本章方法和 RANSAC 算法结果在 Mikolajczyk 数据集

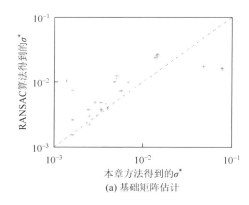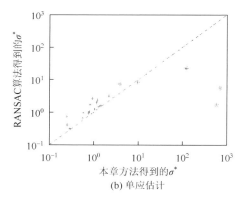

(a) 基础矩阵估计　　　　　　　　　　(b) 单应估计

图 2.6　Mikolajczyk 数据集上本章方法与 RANSAC 算法的比较

每一个十字形代表图像对上内点的估计标准差。其中横轴对应于本章算法，纵轴对应于 RANSAC 算法。以对角虚线为分界线，虚线上方的十字形表示本章算法的性能优于 RANSAC 算法。有五组初始对应的内点（低于 30%，非常少）图像对，其结果在图上用十字形加上圆圈阴影表示上的对比。由图 2.6 可以看到，在大部分图像对上，无论是基础矩阵估计还是单应估计，CSR-RM 算法的性能都优于 RANSAC 算法。

实验结果表明，当内点比例比较高时，虽然 RANSAC 算法的结果也比较好，但本章 CSR-RM 算法可以得到更好的性能；当内点的比例非常低，低于 30%时，这两种方法的结果都不是很好。这可以归因于 CSR-RM 算法采用的软指派策略，即经验误差函数式（2.14）中的 p_i 比 RANSAC 算法使用的二元指派对内点的噪声更为鲁棒。然而当内点比率很低时，CSR-RM 算法将会失效，主要原因是当内点比率比较低时，解空间复杂，使算法陷入比较差的解。这个问题将在第 3 章进行解决。

在主频为 2.0 GHz 的 CPU，4G 内存的个人计算机及 MATLAB 环境下，本章 CSR-RM 算法在 Mikolajczyk 数据集上计算基础矩阵和单应的平均时间分别为 0.8 s 和 0.5 s。在同样的实验环境下，RANSAC 算法估计基础矩阵和单应的平均时间约为 3.4 s 和 2.3 s。

表 2.2 为 Mikolajczyk 数据集中内点比率大于 50%的图像的精度-召回率结果，可以看到本章 CSR-RM 算法在这种情况下可以取得比较好的效果。相比于其他三种算法，CSR-RM 算法有更好的匹配精度，同时也保证了很高的召回率。

表 2.2 Mikolajczyk 数据集中内点比例大于 50%的
图像匹配（精度-召回率）结果 （单位：%）

算法	RANSAC 算法	MLESAC 算法	VFC 算法	CSR-RM 算法
（精度，召回率）	（98.15，99.87）	（99.38，99.79）	（99.71，97.60）	（99.84，99.21）

2.5.3 基础矩阵实验

此外，本章选择典型的宽基线图像对做实验。图 2.7 为 Tuytelaars 数据集上的 Valbonne 图像对，该图像为结构类图像。图 2.7（a）中图像对表示由 SIFT 算法算出的初始匹配对，其中有 126 个初始对应，其中含 69 个误配，误配率为 54.74%；图 2.7（b）中图像对表示由本章算法得到的匹配对，共找到了 73 个匹配对，其中蓝色线表示正确的 64 个匹配对，红色的线表示错误的匹配对。

在 Valbonne 图像上与现有的最新的图像匹配算法进行定量比较，以验证本章 CSR-RM 算法的性能。表 2.3 为各种算法在 Valbonne 图像对上的（精度-召回率）结果。相比于 MLESAC 算法和 ICF 算法，CSR-RM 算法具有更好的精度与召回率。而 VFC 算法的匹配精度最高，但其召回率较低，实验中发现其去掉了天空上的匹配对，这往往会导致图像对极几何的估计出现退化情况。

(a) SIFT算法所得初始匹配结果　　　　　　　　　　　　　　(b) CSR-RM去误匹配后的结果

图 2.7　Valbonne 图像中本章 CSR-RM 算法结果（后附彩图）

表 2.3　各种算法在 Valbonne 图像对上的（精度–召回率）结果　　　（单位：%）

算法	RANSAC 算法	MLESAC 算法	ICF 算法	VFC 算法	CSR-RM 算法
精度–召回率	（94.52，100）	（94.44, 98.55）	（91.67, 63.77）	（98.33, 85.51）	（94.52，100）

2.6　收敛性分析

由于式（2.4）为非凸的指数函数，该优化问题不容易得到全局最优解，通过 EM 算法能达到局部最优解。但是通过实验发现该算法是收敛的。在 Mikolajczyk 数据集上对八组数据进行收敛性实验，该数据集上每组数据有六幅图像。每组取第 1 幅图像分别与其他五幅图像配对，得到五对图像；每对图像分别取三种 SIFT 距离比值阈值 1.5、1.3、1.0，距离比值阈值为 1.5 时内点比率最高，为 1.0 时内点数最多。因此每组图像可以得到 15 组数据。剔除初始内点比率小于 10% 时的情况（这里共有 9 组数据属于这种情况），共得到 111 组数据。实验结果如图 2.8 所示，蓝色、绿色和红色线分别代表 SIFT 距离比值阈值分别为 1.5、1.3 和 1.0。图 2.8 中（a）～（h）分别表述八组数据 Bark、Bikes、Boat、Graf、Leuven、Trees、UBC 和 Wall 的结果。图 2.8（a）中的蓝线有 5 条，绿线有 5 条，红线只有 3 条，这是因为有两组数据初始内点比率小于 10%，在这种极端的情况下点集匹配算法的效果均比较差，包括本章的 CSR-RM 算法，因此这里不再画出。统计可知，取这三种距离比值阈值的情况下，本章 CSR-RM 算法的平均迭代次数为 15.59，迭代次数受初始内点比率影响，例如蓝色的线表示的初始内点，比率高，收敛快，反之亦然。

这里，完全数据对数似然采用最大似然目标函数值除以内点的数量进行计算，这样操作是为了进行数据的归一化，使图中纵坐标尺度大致相当。

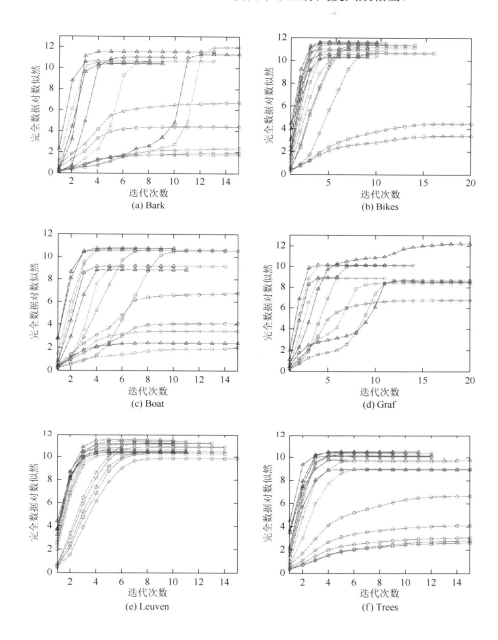

(a) Bark

(b) Bikes

(c) Boat

(d) Graf

(e) Leuven

(f) Trees

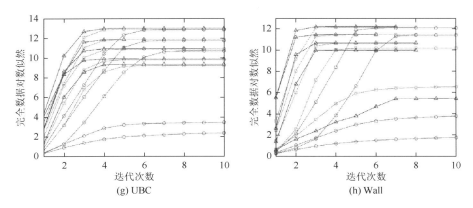

图 2.8　本章 CSR-RM 算法在 Mikolajczyk 数据集上八组图片集的收敛试验图示（后附彩图）

蓝线、绿线和红线分别代表 SIFT 距离比值阈值为 1.5、1.3 和 1.0 的情况，线上每个节点的纵坐标表示本次迭代完成时得到的完全对数似然数值。初始内点比率小于 10% 的情况剔除不显示

2.7　相关算法分析

　　本章算法与 MLESAC 算法都是假设内点的噪声是高斯的，离群点的分布服从均匀分布，并且在最大似然估计（MLE）框架下估计图像的潜在几何变换关系。不同之处在于，MLESAC 算法依据随机采样策略估计出模型参数的一个最小子集，其中对于基础矩阵的估计 $m = 8$，对于单应的估计 $m = 4$，然后去寻找样本点的一个子集对应的真实位置的 MLE，其中满足图像几何变换模型并且最小化算法定义在样本子集上的一个鲁棒误差项。算法经过多次随机采样，选出误差最小的那次，从而得到图像几何变换模型的一个好的估计。相比之下，本章 CSR-RM 算法同时对所有的匹配进行操作，混合模型是建立在图像变换 M 上的，即满足高斯分布或均匀分布，而不是在 MLESAC 算法中点对应的位置上。通过 EM 算法迭代，一方面估计每个匹配为内点的后验概率，另一方面依据当前识别出的所有内点估计图像的几何变换模型，直至获得一个好的估计。

　　本章给出了一种 CSR-RM 算法。通过建立最大似然模型来寻找图像中点集的二维几何关系，并使用 EM 算法来进行内点估算和二维几何关系的建立。实验结果证明了内点比率大于 50% 时，该算法能够有效地去除误匹配，并且在估算基础矩阵和单应时具有良好的性能；当内点比率较小时，由于解空间复杂度的增加，该算法的效果不好。

　　在很多实际图像匹配问题中，图像之间的变换关系并不是刚性的，这就促使研究者去研究更一般的适用于非刚性情况的图像匹配算法，第 3 章将把本章的算法推广到非刚性的情况，并解决内点比率小时算法性能不好的问题。

第 3 章　基于空间关系一致性的非刚性
点集匹配算法

3.1　概　　述

第 2 章介绍了刚性情况下的 CSR，实际上非刚性情况下同样具有 CSR。如图 3.1 所示，由图 3.1（b）可以看到，这里红色的箭头是两个图像对中错误的匹配示意；蓝色箭头是图像对中正确的匹配示意。与杂乱的红色箭头相比，蓝色的箭头表示的部分满足空间的局部一致性。因此仍然可以用 CSR 模型对非刚性情况下的匹配进行建模。

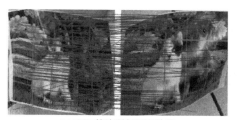 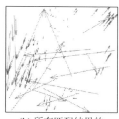 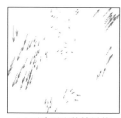

(a) SIFT算法所得匹配结果　　　　(b) 所有匹配结果的　　　　(c) 正确匹配的结果的
　　　　　　　　　　　　　　　　　　空间关系示意　　　　　　　空间关系示意

图 3.1　非刚性情况下的 CSR（后附彩图）

图 3.1（a）为采用 SIFT 算法得到的图像特征点匹配对，其中蓝色表示正确的匹配对，红色表示错误的匹配对；图 3.1（b）表示使用图 3.1（a）所有的匹配对得到的空间对应关系，箭头的头尾分别是匹配点在图 3.1（a）中左图和右图的空间位置；图 3.1（c）表示使用正确的匹配对得到的空间对应关系，箭头的头尾分别是匹配点在图 3.1（a）中左图和右图的空间位置

在第 2 章提出的 CSR-RM 算法的基础上，本章对非刚性情况下的变换估计进行了研究，提出了一种更具一般性的基于空间关系一致性的非刚性点集匹配模型（coherent spatial relation-non-rigid model，CSR-NRM）。由于采用合适的非刚性变换估计方法和正则化约束，该方法不仅能解决非刚性点集匹配问题，而且能更好地解决一些刚性点集匹配问题。

形状匹配在图像分析、计算机视觉及模式识别中都占有重要地位。形状可以用一系列不同层次的特征来描述，如点、线段、曲线或者曲面等，而形状匹配则基于这些表示法来进行。形状的提取及其表示在 Loncaric（1998）的综述中有深入的介绍。Veltkamp 等（2001）对形状特征（如点、线或曲线）距离的度量及它们在形状匹配中的应用做了详细的讨论。一般来说，特征的层次越高，越难可靠地提取。对于层次最低的点，特征的提取通常是比较容易的，而且由于线和面都可以离散化为点集，从而点表示法具有一般性。这里，即使离散化不是最优的，也可以得到一个相对满意的匹配结果。点特征的匹配在姿态估计、医学图像配准、曲面匹配、目标识别及手写体字符识别等领域中得到了广泛的应用。形状匹配通常是通过迭代的形状轮廓采样点集之间的点对应及空间变换关系来解算。本章集中讨论基于点特征的形状匹配及图像匹配，主要介绍二维情况下的算法，与其他非刚性匹配算法相比，该方法具有更好的性能，而且可以很容易地推广到三维。

3.2　　点对应的建立

第 2 章发现 CSR-RM 算法在离群点比较高的情况下，由于变换空间复杂度的增加，算法性能不好。本章希望利用正则化理论，对空间复杂度进行约束，以提高性能。具体的建模思路如下：两个点集为 $X = \{\boldsymbol{x}_i\}_{i=1}^n$ 和 $Y = \{\boldsymbol{y}_j\}_{j=1}^m$，为了估计两个点集之间的对应及变换关系，需要优化的目标函数通常可以简化为如下形式：

$$E(\boldsymbol{f}, \boldsymbol{P}) = \sum_{i=1}^n \sum_{j=1}^m p_{ij} \| \boldsymbol{y}_j - \boldsymbol{f}(\boldsymbol{x}_i) \|^2 + \lambda_1 \varPhi_1(\boldsymbol{P}) + \lambda_2 \varPhi_2(\boldsymbol{f}) \tag{3.1}$$

式（3.1）中第一项是匹配的经验误差，后面两项是正则化项。经验误差用于衡量映射（变换关系）与样本的拟合程度，正则化项是一个惩罚项，分别由 $\varPhi_1$ 和 $\varPhi_2$ 对匹配的对应关系与变换关系进行约束。其中 $\boldsymbol{P}$ 表示点对应关系的一个对应矩阵，矩阵的元素 p_{ij} 代表 $\boldsymbol{x}_i$ 和 $\boldsymbol{y}_j$ 对应关系的强弱性，即软指派。这里，$\boldsymbol{f}$ 表示集合 X 到 Y 的映射。由式（3.1）可以看到，为了找到正确的匹配关系，式（3.1）的值越小越好。通过控制函数空间的复杂度来求解经验误差最小化问题：$\varPhi_1$ 为对应矩阵的一些约束，如点对应为一对一的，离群点尽量少等。$\varPhi_2$ 为对变换函数 $\boldsymbol{f}$ 的一些约束，如平滑性约束。λ_1 和 λ_2 为大于 0 的正则化参数，对式（3.1）中的三项进行权衡。

对这个优化问题的研究尽管目前已经相对成熟，但这仍然是一个求解难度较大的问题。为了降低求解难度，需要缩小搜索空间，在缩小的初始点集间进行估计。通过特征匹配算法，由图像的局部信息，建立一个粗略的点对应，然后采用鲁棒的估计子去除其中的离群点，并找到内点的几何对应关系。这使对应关系的建立变得简单，对应于式（3.1），可以忽略对应关系矩阵 $\boldsymbol{P}$ 的约束。于是，只需要优化如下目标函数：

$$E(\boldsymbol{f}) = \sum_{i=1}^n p_i \| \boldsymbol{y}_i - \boldsymbol{f}(\boldsymbol{x}_i) \|^2 + \lambda \varPhi(\boldsymbol{f}) \tag{3.2}$$

下面简单解释一下该算法的优势。在这个问题中，有两个待求解的变量，即两个点集之间的对应关系 P 和变换关系 f。在传统的方法中，代价函数同时包含这两个耦合变量，并且对应关系 P 是一个 $n \times m$ 的矩阵。本章将问题分为建立初始对应、估计对应和变换关系两个独立的阶段来求解。第一阶段，脱离代价函数先通过点自身的局部信息建立一个粗略的点对应，点对应可能包含部分离群点，某些情况下离群点甚至占主导地位。第二阶段，利用建立的点对应和一个鲁棒估计子来检测与去除离群点并估计对应关系。迭代以上两个阶段直到得到满意的匹配结果。在这种框架下，一方面充分利用了点的邻域结构信息以建立点对应关系；另一方面，由于第一阶段基于 SIFT 算法通过图像特征建立初始对应关系，初始对应关系的建立独立于第二阶段，对应 P 来求解，可以减小计算的复杂度。在算法的第一阶段，有许多描述子可以选择，用于建立粗略的对应。例如，在二维情况下，Lowe（2004）提出的描述图像关键点的 SIFT 和 Matas 等（2004）提出的描述图像区域的最稳定极值区域（the most stable extremum region，MSER）及 Belongie 等（2002）提出的描述形状采样点的 SC 等；三维情况下，Zaharescu 等（2009）提出的描述曲面特征点的网状梯度直方图（MeshHoG）和 Vedaldi 等（2010）提出的自旋图等。由于特征描述子的建立不是本书研究的内容，这里仅利用已有的算法提取二维图像的描述子，读者也可根据自己的需要选择其他特征描述子。第一阶段特征描述子的选择操作和第二阶段的操作是完全独立的，但是描述子选择的是否合适，会影响到整个匹配的效果。这里，根据图像特点和实验测试，选择了 SIFT 或 SC 特征描述子。在问题的第二阶段，需要建立精确的点对应，有了精确的点对应，几何关系可以直接从中解算出来。现在问题变成怎样设计一个能去除粗略点对应中包含的离群点，因此第二阶段中的离群点消除是本章研究的重点。下面介绍本章的主要内容——CSR-NRM 算法，并将其用于解决图像匹配问题，最后，给出该算法的一些实验结果。

3.3　非刚性变换关系的估计

本节介绍一种基于 MLE 的非刚性点集变换估计方法。先采用第 2 章介绍过的 SC 算法寻找并建立初始点对，在此基础上对每一对点对应赋予一个隐变量来指示点对应是否为正确对应，然后利用 EM 算法交替地估计正确的点对应集合及点对应之间的变换函数，其中变换函数采用 TPS 来建模。

3.3.1　问题建模

给定一组可能包含噪声和离群点的二维点对应集合 $S = \{(\boldsymbol{x}_i, \boldsymbol{y}_i)\}_{i=1}^{n}$，研究目标是去除集合中的离群点并从中恢复出一个变换函数 $\boldsymbol{f}$：$\boldsymbol{y}_i = \boldsymbol{f}(\boldsymbol{x}_i)$。

在本章中仍采用齐次坐标系统，在二维的情况下即为 $\boldsymbol{x}=(\boldsymbol{x}^x,\boldsymbol{x}^y,1)^{\mathrm{T}}$。显然，如果能成功地恢复出变换函数 $\boldsymbol{f}$，那么离群点就能很容易地区分出来，从而获得精确的点匹配。然而，要估计变换函数 $\boldsymbol{f}$，也需要精确的点匹配。为了解决这个两难的问题，将问题形式化为一个 MLE 问题，并且采用 EM 算法交替地恢复变换函数及正确匹配点集。

建模时仍然做如下假设：①内点的噪声为高斯白噪声，其每个分量的标准差为 σ；②离群点的分布为均匀分布，其概率密度为 $1/a$。令 γ 为内点的比率，其为一个未知参数。类似于第 3 章的 MLE 建模过程，非刚性点对应集合的似然函数为

$$p(\boldsymbol{Y}\mid\boldsymbol{X},\boldsymbol{\theta})=\prod_{i=1}^{n}\sum_{z_i}p(\boldsymbol{y}_i,z_i\mid\boldsymbol{x}_i,\boldsymbol{\theta})=\prod_{i=1}^{n}\left[\frac{\gamma}{2\pi\sigma^2}\,\mathrm{e}^{\frac{\|\boldsymbol{y}_i-\boldsymbol{f}(\boldsymbol{x}_i)\|^2}{2\sigma^2}}+\frac{1-\gamma}{a}\right]\quad(3.3)$$

式中：$\boldsymbol{\theta}=\{\boldsymbol{f},\sigma^2,\gamma\}$，代表未知参数集；$z_i$ 为隐变量；v 为混合系数，即对每个样本关联一个变量 z_i，其中 $z_i=1$ 代表样本来自高斯分布，反之，$z_i=0$ 代表均匀分布。

假设 $p(\boldsymbol{f})$ 为先验概率分布，$\varPhi(\boldsymbol{f})$ 为对 $\boldsymbol{f}$ 空间复杂度的约束，则有

$$p(\boldsymbol{f})\propto\mathrm{e}^{-\frac{\lambda}{2}\varPhi(\boldsymbol{f})}\quad(3.4)$$

在贝叶斯准则下，给出 $\boldsymbol{\theta}$ 的一个 MLE 值，即

$$\boldsymbol{\theta}^*=\arg\max_{\boldsymbol{\theta}}p(\boldsymbol{Y}\mid\boldsymbol{X},\boldsymbol{\theta})p(\boldsymbol{f})\quad(3.5)$$

这等价于最小化能量函数：

$$E(\boldsymbol{\theta})=-\sum_{i=1}^{n}\ln p(\boldsymbol{y}_i\mid\boldsymbol{x}_i,\boldsymbol{\theta})-\ln p(\boldsymbol{f})\quad(3.6)$$

在求出最优解 $\boldsymbol{\theta}^*$ 后，变换函数 $\boldsymbol{f}$ 将从中直接获得，同时内点将由隐变量 $\{z_i\}_{i=1}^{n}$ 的值决定。

这部分建模工作和刚性算法很相似，主要的区别在于：①非刚性匹配问题中变换函数的求解方法不同于刚性匹配问题可以寻找单应或基础矩阵；②变换函数的求解，加入了正则化约束，以改善内点比率小带来的空间复杂度高的问题。

3.3.2　问题求解

依据标准的算法并且省略一些独立于参数 $\boldsymbol{\theta}$ 的项，那么模型的完全数据对数似然将有如下形式：

$$Q(\boldsymbol{\theta}, \boldsymbol{\theta}^{\text{old}}) = -\frac{1}{2\sigma^2} \sum_{i=1}^{n} \boldsymbol{P}(z_i = 1 \mid \boldsymbol{x}_i, \boldsymbol{y}_i, \boldsymbol{\theta}^{\text{old}}) \| \boldsymbol{y}_i - \boldsymbol{f}(\boldsymbol{x}_i) \|^2$$

$$-\ln \sigma^2 \sum_{i=1}^{n} \boldsymbol{P}(z_i = 1 \mid \boldsymbol{x}_i, \boldsymbol{y}_i, \boldsymbol{\theta}^{\text{old}}) + \ln \gamma \sum_{i=1}^{n} \boldsymbol{P}(z_i = 1 \mid \boldsymbol{x}_i, \boldsymbol{y}_i, \boldsymbol{\theta}^{\text{old}}) \quad (3.7)$$

$$+\ln(1 - \gamma) \sum_{i=1}^{n} \boldsymbol{P}(z_i = 0 \mid \boldsymbol{x}_i, \boldsymbol{y}_i, \boldsymbol{\theta}^{\text{old}}) - \frac{\lambda}{2} \Phi(\boldsymbol{f})$$

1. E 步

采用当前的参数值 $\boldsymbol{\theta}^{\text{old}}$ 来估计隐变量的后验分布。令 $\boldsymbol{P} = \operatorname{diag}(p_1, p_2, \cdots, p_n)$，其中后验概率 $p_i = \boldsymbol{P}(z_i = 1 \mid \boldsymbol{x}_i, \boldsymbol{y}_i, \boldsymbol{\theta}^{\text{old}})$ 可以使用贝叶斯准则来计算：

$$p_i = \frac{\gamma \mathrm{e}^{\frac{\|\boldsymbol{y}_i - \boldsymbol{f}(\boldsymbol{x}_i)\|^2}{2\sigma^2}}}{\gamma \mathrm{e}^{\frac{\|\boldsymbol{y}_i - \boldsymbol{f}(\boldsymbol{x}_i)\|^2}{2\sigma^2}} + (1 - \gamma) \frac{2\pi\sigma^2}{a}} \quad (3.8)$$

后验概率 p_i 是一个软决策，其指示了第 i 对对应点与当前的变换函数 f 的吻合程度。

2. M 步

基于样本为内点的后验概率来更新参数值 $\boldsymbol{\theta}^{\text{new}}$：

$$\boldsymbol{\theta}^{\text{new}} = \arg \max_{\theta} Q(\boldsymbol{\theta}, \boldsymbol{\theta}^{old})$$

注意到 $\boldsymbol{\theta} = \{\boldsymbol{f}, \sigma^2, \gamma\}$，首先求解参数 σ^2。为此，考虑式（3.7）中关于 σ^2 的项，即

$$Q(\sigma^2) = -\frac{1}{2\sigma^2} \sum_{i=1}^{n} p_i \| \boldsymbol{y}_i - \boldsymbol{f}(\boldsymbol{x}_i) \|^2 - \ln \sigma^2 \sum_{i=1}^{n} p_i \quad (3.9)$$

将式（3.9）对 σ^2 求导并令导数为 0，得到如下关于 σ^2 的解：

$$\sigma^2 = \sum_{i=1}^{n} p_i \| \boldsymbol{y}_i - \boldsymbol{f}(\boldsymbol{x}_i) \|^2 \bigg/ \sum_{i=1}^{n} p_i \quad (3.10)$$

接下来求解混合系数 γ。为此考虑式（3.7）中关于 γ 的项，即

$$Q(\gamma) = \ln \gamma \sum_{i=1}^{n} p_i + \ln(1 - \gamma) \sum_{i=1}^{n} (1 - p_i) \quad (3.11)$$

将式（3.11）对 γ 求导并令导数为 0，得到如下关于 γ 的解：

$$\gamma = \sum_{i=1}^{n} \frac{p_i}{n} \quad (3.12)$$

最后，为了完善 EM 算法，还需要在 M 步中估计变换函数 f，这是本章算法中最核心的一步。

一旦 EM 算法收敛，就可以得到变换函数，同时样本集中包含的离群点也可以相应去除，这里提供两个特别的方案。

（1）通过预定义一个阈值 τ，可以获得如下内点集合：

$$I = \{i : p_i > \tau, i = 1, 2, \cdots, n\} \tag{3.13}$$

（2）由于恢复出了变换函数 f，于是可以通过检查样本是否与 f 吻合来确定内点集合。

在实验中发现 EM 算法收敛后绝大部分样本（超过 99%）的后验概率要么大于 0.99，要么小于 0.01，因此本章的算法对于参数 τ 的选择并不敏感。

3.3.3 变换函数的估计

考虑关于变换函数 f 的项，其具有如下形式：

$$Q(\boldsymbol{f}) = -\frac{1}{2\sigma^2} \sum_{i=1}^{n} p_i \| y_i - f(x_i) \|^2 - \frac{\lambda}{2} \varPhi(\boldsymbol{f}) \tag{3.14}$$

显然，由于解的不唯一性，求解变换函数 f 是一个病态问题。为了产生一个平滑的变换函数以拟合点对应，采用 TPS 对变换函数进行参数化。TPS 是一个在有监督的学习中产生平滑变换函数的一般的样条工具。它没有自由参数需要调，并且有闭合解。该闭合解可以分解为一个全局的线性仿射运动和一个局部的非仿射形变，分别由两个系数来控制：

$$\boldsymbol{f}(\boldsymbol{x}) = \boldsymbol{x}\boldsymbol{A} + \tilde{\boldsymbol{K}}(\boldsymbol{x})\boldsymbol{W} \tag{3.15}$$

式中，A 为一个 $(d+1) \times (d+1)$ 的仿射变换矩阵，点的维数为 d，典型的 $d=2$ 或者 3，且点集采用齐次坐标表示；$\boldsymbol{W}$ 为一个 $n \times (d+1)$ 的非仿射形变系数矩阵；向量 $\tilde{\boldsymbol{K}}(\boldsymbol{x})$ 为一个由 TPS 核定义的 n 维行向量，如 $K(r) = r^2 \ln r$，并且 $\tilde{\boldsymbol{K}}(\boldsymbol{x})$ 的每一个元素 $\tilde{K}_i(\boldsymbol{x}) = K(\| \boldsymbol{x} - \boldsymbol{x}_i \|)$。

令核矩阵 $\boldsymbol{K}_{n \times n} = \{\boldsymbol{K}_{ij}\}$，其中 $K_{ij} = K \| \boldsymbol{x}_i - \boldsymbol{x}_j \|$。再加上一个正则化项，再用矩阵形式表示后，变换函数 f 可以通过最小化如下 TPS 能量函数来估计：

$$\begin{aligned} E(\boldsymbol{A}, \boldsymbol{W}) &= \frac{1}{2\sigma^2} \| \boldsymbol{P}^{1/2} (\boldsymbol{Y} - \boldsymbol{X}\boldsymbol{A} - \boldsymbol{K}\boldsymbol{W}) \|^2 + \frac{\lambda}{2} \mathrm{tr}(\boldsymbol{W}^{\mathrm{T}} \boldsymbol{K} \boldsymbol{W}) \\ &= \frac{1}{2\sigma^2} \| \tilde{\boldsymbol{Y}} - \tilde{\boldsymbol{X}}\boldsymbol{A} - \boldsymbol{P}^{1/2} \boldsymbol{K}\boldsymbol{W} \|^2 + \frac{\lambda}{2} \mathrm{tr}(\boldsymbol{W}^{\mathrm{T}} \boldsymbol{K} \boldsymbol{W}) \end{aligned} \tag{3.16}$$

式中：λ 为正则化参数；$\mathrm{tr}(\cdot)$ 为矩阵的迹；$\tilde{\boldsymbol{X}} = \boldsymbol{P}^{1/2}\boldsymbol{X}$，$\tilde{\boldsymbol{Y}} = \boldsymbol{P}^{1/2}\boldsymbol{Y}$，这里由于采用的是齐次坐标，$\boldsymbol{X} = (x_1, x_2, \cdots, x_n)$ 和 $\boldsymbol{Y} = (y_1, y_2, \cdots, y_n)$ 是 $n \times 3$ 的矩阵。

式（3.16）第一项为两个点集之间匹配点对的欧氏距离的加权和，即数据拟合误差项；第二项为标准的 TPS 正则化项，它是变换函数的弯曲能，其具有明确的物理意义并且独立于变换函数的线性部分，用来惩罚局部形变系数 $\boldsymbol{W}$。

最优化求解指寻找匹配图像之间的最佳变换模型参数的问题。该方法对于图像匹配这个非确定性（non-deterministic polynomial，NP）问题的求解主要包含两步：①基于当前求解的变换模型参数（A，W）来更新点对应关系 P；②根据已估算的点对应 P 采用最小二乘方法求解 TPS 模型参数（A，W）。

为了求解 TPS 参数对 A 和 W，采用 QR 分解：

$$\tilde{X} = [\boldsymbol{Q}_1 \quad \boldsymbol{Q}_2]\begin{bmatrix} \boldsymbol{R} \\ \boldsymbol{0} \end{bmatrix} \tag{3.17}$$

式中：$\boldsymbol{Q}_1$ 和 $\boldsymbol{Q}_2$ 分别为 $n\times 3$ 和 $n\times(n-3)$ 的正交矩阵；$\boldsymbol{R}$ 为一个 3×3 的上三角矩阵。

在使用 QR 分解后，式（3.16）变为

$$E(A,\boldsymbol{\varGamma}) = \frac{1}{2\sigma^2}\|\boldsymbol{Q}_2^{\mathrm{T}}\tilde{\boldsymbol{Y}} - \boldsymbol{Q}_2^{\mathrm{T}}\boldsymbol{P}^{1/2}\boldsymbol{K}\boldsymbol{Q}_2\boldsymbol{\varGamma}\|^2 + \frac{1}{2\sigma^2}\|\boldsymbol{Q}_1^{\mathrm{T}}\tilde{\boldsymbol{Y}} - \boldsymbol{R}A - \boldsymbol{Q}_1^{\mathrm{T}}\boldsymbol{P}^{1/2}\boldsymbol{K}\boldsymbol{Q}_2\boldsymbol{\varGamma}\|^2$$
$$+ \frac{\lambda}{2}\mathrm{tr}(\boldsymbol{\varGamma}^{\mathrm{T}}\boldsymbol{Q}_2^{\mathrm{T}}\boldsymbol{K}\boldsymbol{Q}_2\boldsymbol{\varGamma}) \tag{3.18}$$

其中，$\boldsymbol{W} = \boldsymbol{Q}_2\boldsymbol{\varGamma}$，且 $\boldsymbol{\varGamma}$ 为一个 $n\times(n-3)$ 的矩阵。令 $\boldsymbol{W} = \boldsymbol{Q}_2\boldsymbol{\varGamma}$ 意味着 $\tilde{X}^{\mathrm{T}}W = 0$，这可以将变换函数明确地分解为仿射和非仿射子空间。

下面求解参数 $\boldsymbol{\varGamma}$ 和 A。根据式（3.18）很容易得到：

$$A = \boldsymbol{R}^{-1}\boldsymbol{Q}_1^{\mathrm{T}}(\tilde{\boldsymbol{Y}} - \boldsymbol{P}^{1/2}\tilde{\boldsymbol{K}}\boldsymbol{Q}_2\boldsymbol{\varGamma}) = \boldsymbol{R}^{-1}\boldsymbol{Q}_1^{\mathrm{T}}(\tilde{\boldsymbol{Y}} - \boldsymbol{P}^{1/2}\tilde{\boldsymbol{K}}W) \tag{3.19}$$

将式（3.19）代入式（3.18）中，对参数 $\boldsymbol{\varGamma}$ 求导并令其为 0，可得到：

$$\boldsymbol{W} = \boldsymbol{Q}_2\boldsymbol{\varGamma} = \boldsymbol{Q}_2(\boldsymbol{S}^{\mathrm{T}}\boldsymbol{S} + \lambda\sigma^2\boldsymbol{T} + \varepsilon\boldsymbol{I})^{-1}\boldsymbol{S}^{\mathrm{T}}\boldsymbol{Q}_2^{\mathrm{T}}\tilde{\boldsymbol{Y}} \tag{3.20}$$

其中，$\boldsymbol{S} = \boldsymbol{Q}_2^{\mathrm{T}}\boldsymbol{P}^{1/2}\boldsymbol{K}\boldsymbol{Q}_2$，$\boldsymbol{T} = \boldsymbol{Q}_2^{\mathrm{T}}\boldsymbol{K}\boldsymbol{Q}_2$，$\varepsilon\boldsymbol{I}$ 用于数值稳定性。于是得到了式（3.15）中的变换函数 f。注意到 $f(x_i)$ 是齐次坐标，在计算式（3.8）和式（3.10）中的 p_i 和 σ^2 之前，需要标准化，使其尺度为 1。另外，算法的性能通常跟坐标系有关，因此需要采用数据标准化。在实验中，对模板点集 $\{x_i\}$ 和目标点集 $\{y_i\}$ 分别计算相似变换 T_x 和 T_y，使两组点均有零均值且平均距离为 $\sqrt{2}$。CSR-NRM 算法的流程见算法 3.1。

算法 3.1　CSR-NRM 算法

输入　点对应集合 $S = \{(x_i, y_i)\}_{i=1}^{n}$，核函数 K，参数 λ、τ、a

输出　变换函数 f，内点集合 I

标准化：$\hat{x}_i = T_x x_i$，$\hat{y}_i = T_y y_i$。

通过核函数的定义构造核矩阵 $\boldsymbol{K}$。

参数的初始化：$\gamma = 0.9, W = 0, A = 0$。

迭代

　E 步：

　　使用式（3.8）更新后验概率 p_i。

M 步：

使用式（3.19）和式（3.20）更新变换函数 f；

使用式（3.10）和式（3.11）分别更新参数 σ^2 和 γ。

直到达到收敛条件。

变换函数 f 由式（3.15）决定。

内点集 I 由式（3.13）决定。

3.4　形状匹配算法分析

3.3 节讨论了初始点对应的建立及从点对应中估计变换关系，可以通过迭代这两步以获得可靠的结果。在本章中采用固定的迭代次数，典型地取 10 次。当存在较大的噪声或者离群点比例较大时，迭代次数会相应增加。算法 3.2 总结了本章的基于空间关系一致性的形状匹配算法。

下面讨论算法的复杂度。不难得出，计算复杂度最高的部分为更新变换函数，即式（3.19）和式（3.20）。由于矩阵的求逆及乘法运算，算法中每一步迭代的时间复杂度为 $O(n^3)$。另外，由于需要存储一个 $n \times n$ 的核矩阵 $\boldsymbol{K}$，空间复杂度为 $O(n^2)$。

综上所述，算法的时间复杂度和空间复杂度分别为 $O(n^3)$ 和 $O(n^2)$。

算法 3.2　基于空间一致性的形状匹配算法

输入　两组形状轮廓采样点 $\{\boldsymbol{x}_i\}_{i=1}^n$，$\{\boldsymbol{y}_j\}_{j=1}^m$

输出　匹配的模板点集 $\{\hat{\boldsymbol{x}}_i\}_{i=1}^n$

计算目标点集 $\{\boldsymbol{y}_j\}_{j=1}^m$ 的特征描述子。

迭代

计算模板点集 $\{\hat{\boldsymbol{x}}_i\}_{i=1}^n$ 的特征描述子；

基于两组点集的特征描述子估计初始的对应；

根据初始的对应采用算法 3.1 估计变换函数 f；

更新模板点集 $\{\hat{\boldsymbol{x}}_i\}_{i=1}^n \leftarrow \{\boldsymbol{f}(\boldsymbol{x}_i)\}_{i=1}^n$。

直到达到最大迭代次数。

匹配的模板点集 $\{\hat{\boldsymbol{x}}_i\}_{i=1}^n$ 由最后一步迭代中估计出的 $\{\boldsymbol{f}(\boldsymbol{x}_i)\}_{i=1}^n$ 给出。

3.5　实验结果及分析

3.5.1　形状匹配结果

为了测试本章提出的形状匹配算法的性能，下面通过大量的实验与当前最先进的方法进行比较。实验数据包含不同程度的变形、噪声、旋转、遮挡及离群点五种情形。在本章的所有实验中，参数的取值如下：$r = 0.75$，$\lambda = 500$，$a = 5$。这里，阈值 r 前面提到过为 TPS 正则化参数，a 为均匀分布参数，实验中发现本章的算法对参数调节比较鲁棒。

首先对实验数据做简单介绍。选择两个合成的形状作为模板点集，如图 3.2 所示，其中图 3.2（a）为一个包含 96 个点的"鱼"的形状，图 3.2（b）为一个相对复杂的包含 108 个点的汉字"福"。

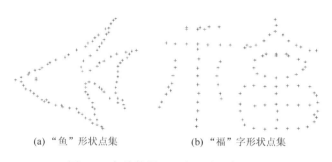

(a)"鱼"形状点集　　　　　　　　(b)"福"字形状点集

图 3.2　实验数据（"鱼"和"福"）

在选定一个模板点集后，采用一个基于高斯 RBF 随机生成的非刚性变换对其进行变形，然后添加噪声、离群点、旋转及遮挡共五种退化情形以生产一个新的目标点集。在第一种情形中，对模板点集进行逐渐增大的非刚性变形，变形后的模板即作为目标点集并且不添加其他退化操作，其目的在于测试算法在求解不同程度变形时的性能。第二种情形中，在变形后的模板点集中添加不同程度的高斯噪声以生成目标点集，其中对模板点集采用的是中度的变形，其目的在于测试算法抗噪声的性能。后三种情形中，在变换后的模板点集中添加不同数量的离群点、不同角度的旋转及不同程度的遮挡。同样，模板点集采用的是中度的变形。对于每一种退化情形，重复 100 次随机实验。

这里采用 SC 描述子来建立初始的点对应，该描述子很容易保证 SC 的平移和缩放不变性，但在某些应用中，旋转不变性也是必要的，因此，在本章中采用 Zheng 等（2004）提出的旋转不变 SC。

　　图 3.3~图 3.7 显示了本章方法在求解不同退化情形和退化程度的匹配结果，对比算法采用当前广泛使用的匹配算法：Chui 等（2003）提出的 TPS-RPM 算法、Myronenko 等（2010）提出的 CPD 算法。从实验结果中可以看出，当退化程度是轻度或者中度的时候，本章 CSR-NRM 算法可以产生出几乎完美的匹配结果，而随着退化程度的进一步增加，匹配性能也会随之逐步轻度下降但仍然可以接受。特别地，对于添加不同程度的非刚性变形及噪声（图 3.3、图 3.4），在退化程度不大时，三种方法均有很好的匹配效果。但当退化程度较大（图 3.6 和图 3.7 的最后两行）时，TPS-RPM 算法和 CPD 算法的匹配结果会出现较大的偏差，相比之下，本章的算法仍然能够得到满意的效果。对于添加不同程度的离群点或者遮挡（图 3.5、图 3.7），当添加的离群点超过一倍或遮挡的比率超过一半时，即图 3.7 中的后两行，本章方法仍然可以得到一个较为准确的匹配结果，而在这些情况下，CPD 算法的匹配结果会出现严重偏差，TPS-RPM 算法则是完全失效。另外，从图 3.6 中可以看出本章方法不受旋转的影响，这并不奇怪，因为这里采用的是旋转不变 SC。而 TPS-RPM 算法和 CPD 算法则在有较大的旋转时会出现错误的匹配结果。这些充分体现了本章算法处理复杂退化情形的优越性。

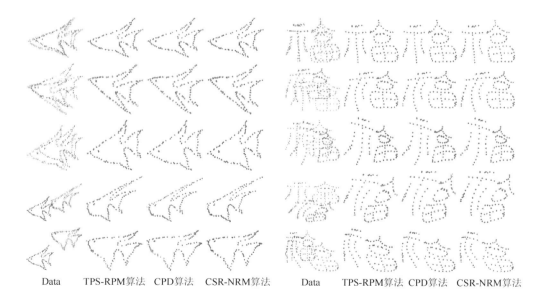

Data　　TPS-RPM算法　CPD算法　CSR-NRM算法　　　　Data　　TPS-RPM算法　CPD算法　CSR-NRM算法

图 3.3　　不同程度变形的实验结果

每一行表示两个例子（左边为"鱼"，右边为"福"），变形的程度从上到下逐行增加。在每一组实验中，第一列为模板点集和目标点集；第二列为 TPS-RPM 算法的结果；第三列为 CPD 算法的结果；第四列为 CSR-NRM 算法的结果

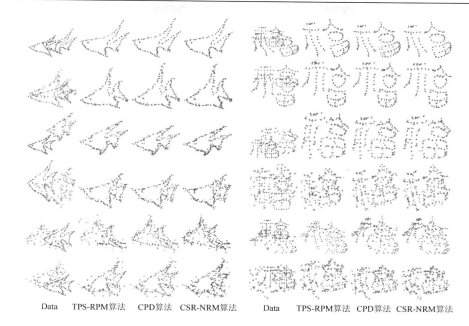

Data　　TPS-RPM算法　　CPD算法　　CSR-NRM算法　　　　Data　　TPS-RPM算法　　CPD算法　　CSR-NRM算法

图 3.4　添加不同强度噪声的实验结果

每一行表示两个例子（左边为"鱼"，右边为"福"），噪声的强度从上到下逐行增加。在每一组实验中，第一列为模板点集和目标点集；第二列为 TPS-RPM 算法的结果；第三列为 CPD 算法的结果；第四列为 CSR-NRM 算法的结果

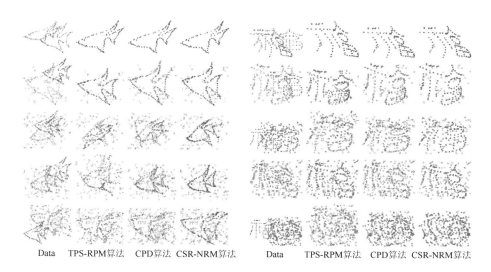

Data　　TPS-RPM算法　　CPD算法　　CSR-NRM算法　　　　Data　　TPS-RPM算法　　CPD算法　　CSR-NRM算法

图 3.5　添加不同比例离群点的实验结果

每一行表示两个例子（左边为"鱼"，右边为"福"），离群点的比例从上到下逐行增大。在每一组实验中，第一列为模板点集和目标点集；第二列为 TPS-RPM 算法的结果；第三列为 CPD 算法的结果；第四列为 CSR-NRM 算法的结果

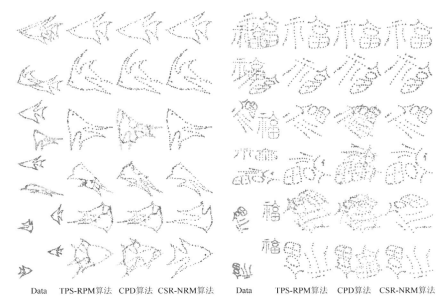

图 3.6　不同旋转角度的实验结果

每一行表示两个例子（左边为"鱼"，右边为"福"），旋转的角度从上到下逐行增大。在每一组实验中，第一列为模板点集和目标点集；第二列为 TPS-RPM 算法的结果；第三列为 CPD 的结果；第四列为 CSR-NRM 算法的结果

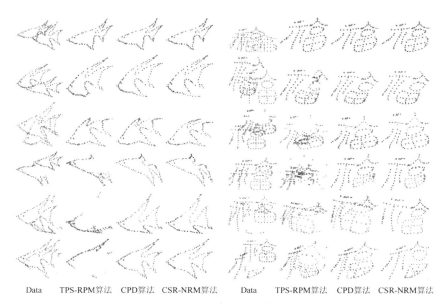

图 3.7　不同程度遮挡的实验结果

每一行表示两个例子（左边为"鱼"，右边为"福"），遮挡的程度从上到下逐行增大。在每一组实验中，第一列为模板点集和目标点集；第二列为 TPS-RPM 算法的结果；第三列为 CPD 算法的结果；第四列为 CSR-NRM 算法的结果

为了更充分地了解算法的性能，下面给出一个定量的比较，并报告另外四种当前最先进的算法的匹配结果，即 Belongie 等（2002）的 SC 算法，Chui 等（2003）的 TPS-RPM 算法，Zheng 等（2006）的 RPM-LNS（robust point matching-labelling non-rigid shapes，基于非刚性形状标签的鲁棒点匹配算法）和 Myronenko 等（2010）的 CPD 算法。匹配的误差由变换后的模板点集与目标点集之间对应点的平均欧氏距离来度量。然后分别求出每种方法在不同退化情形和退化程度的每类 100 个样本匹配误差的均值与标准差，以对比算法的匹配性能。

选取两种退化情形作为代表，即变形和遮挡。图 3.8 和图 3.9 分别给出了两种情形的统计结果，包括每种方法在不同退化程度下的均值和标准差。在不同变形的测试中，如图 3.8 所示，五种算法中形变程度较低时得到相似的匹配结果，而随着形变的增强，本章方法通常能得到更好的匹配性能。在不同遮挡的测试中，如图 3.9 所示，可以看到本章方法显示了更好的鲁棒性，并且明显要优于其他四种方法。

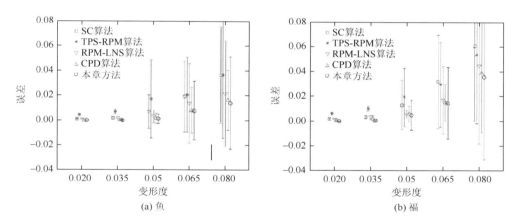

(a) 鱼　　　　　　　　　　　　(b) 福

图 3.8　五种方法在不同程度变形下的匹配误差统计

误差线代表在 100 个样本下匹配误差的均值与标准差

综上所述，本章方法在大多数非刚性匹配的问题中都有很好的效果，包括中度和部分重度的退化情况，并且该算法可以为更复杂的求解特殊匹配问题的算法提供一个好的初始化匹配。

3.5.2　图像匹配结果

为了验证方法的有效性，这里采用大量的真实图像测试本章的算法在误配消除上的性能并与当前最先进的四种算法做比较：Fischler 等（1981）的 RANSAC

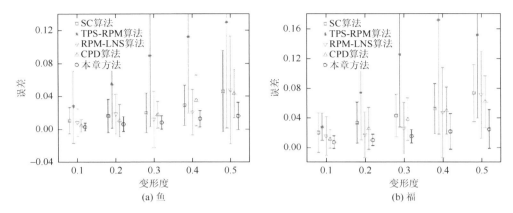

图 3.9　五种方法在不同程度的遮挡下的匹配误差统计

误差线代表在 100 个样本下匹配误差的均值与标准差

算法、Torr 等（2000）的 MLESAC 算法、Li 等（2010）的 ICF 算法、Zhao 等（2011）的 VFC 算法。在实验中，如果图像对满足单应关系，那么在 RANSAC 算法和 MLESAC 算法中采用的几何模型就为单应，否则采用基础矩阵。实验从四个方面来进行：①宽基线图像对的误配消除；②单应图像对的误配消除；③非刚性运动图像对的误配消除；④遥感图像匹配；⑤三维图像匹配。下面首先讨论试验数据及实验评估方法。

1. 实验配置

本章在多种真实图像上测试了本章所提出的算法的性能，接下来讨论本章所使用的试验数据、评估准则及参数的初始化。

在本章的实验中，首先测试了 Mikolajczyk 等（2005）建立的数据集，该数据集有八组数据，对于每一组数据，通过让第 1 幅图像与剩下的五幅图像分别配对以构造五对测试图像，这样一共得到 40 对测试图像。本章接下来的试验在宽基线图像对和包含非刚性运动的图像对上进行实验，其中宽基线图像对来自 Tuytelaars 等（2004）的数据集，而非刚性运动图像对则是由自己创建。

本章采用开源的 VLFeat 工具箱来建立初始的 SIFT 特征点对应。所有的参数均采用默认的配置，除了距离比率阈值 t。在 VLFeat 工具箱中，这个值定义为次近邻和最近邻特征点与待匹配特征点的欧氏距离的比值，而本书实验采用这种定义。一般来说，t 的值增大，将得到更少但更精确的匹配点对。t 的默认值为 1.5，可能的最小值为 1.0，此时相当于最近邻匹配策略。

匹配的正确性由如下方式确定。在 Mikolajczyk 等（2005）的数据集上，其包含的图像对满足单应关系，利用数据集提供的精确单应矩阵将其中一幅图像映射到另一幅图像上，映射后的匹配点对，如果以它们为中心、以 3σ（σ 为 SIFT 特征点的尺度）为半径的圆有交集，则认为是正确的匹配对，具体请参考 Mikolajczyk 等（2005）的文献。对于 Tuytelaars 等（2004）的数据集，采用人工核对 RANSAC 算法的结果来建立精确的匹配。对于包含非刚性运动的图像对，由于没有一个精确的几何参数模型来模拟，首先用本章的方法来去误配，然后采用人工核对的方式来建立精确匹配。虽然匹配正确性的判断看起来有些随意，但在整个实验之前，采用同一标准多次核对以确保实验的客观性。

算法去误配的性能同样由精度（p）和召回率（r）来度量：精度表示为经过去误配以后，保留下来的内点占保留下来的所有匹配的百分比；召回率表示算法去误配后保留下来的内点占图像所有内点的百分比。

参数初始化：在刚性的情况下，算法主要有两个参数，即均匀分布参数 a 和内点阈值 τ。在非刚性的情况下，算法有一个额外的参数，即 TPS 正则化参数 λ。在实验中发现算法对参数调节并不敏感，在本章的所有实验中，令 $\tau = 0.75$，$\lambda = 500$，在刚性情况下对基础矩阵和单应矩阵的估计分别令 $a = 2$ 和 1，在非刚性情况下令 $a = 5$。

2. 在宽基线图像对上的结果及分析

本章的第一个实验为宽基线图像对的误配消除，如图 3.10 所示，选择 Tuytelaars 中两对图像，第一对 Valbonne 是一个结构场景，第二对 Tree 是一个非结构场景。

对于图像对 Valbonne，如图 3.10 所示，在初始情况下有 126 对 SIFT 特征点匹配，其中正确匹配有 69 对，正确匹配率大约为 54.76%。采用针对刚性情况的 CSR-RM 算法来去误配。在使用误配消除之后，其精度-召回率对约为（94.12%，92.75%）。然后测试本章的 CSR-NRM 算法，得到精度-召回率对约为（98.33%，85.51%）。在图 3.10 中得到一个关于 Tree 图像对类似的结果。

从这些结果可以看出刚性模型和非刚性模型在误配消除中各有优劣。一方面，如果图像对中存在很大的视差，可能找不到一个足够平滑的非线性映射来拟合所有的正确匹配对，这样，使用非刚性模型的方法可能得不到满意的结果。例如，在 Valbonne 图像对里天空上的匹配对，其违背了非线性映射 f 的平滑性约束，于是这些正确的匹配对会被 CSR-NRM 算法错误地去掉，如图 3.10（c）所示。然而，这些匹配满足对极几何约束，于是被 CSR-RM 算法保留下来，如图 3.10（b）所示。另一方面，对极几何允许一幅图像上的一个点与另一幅图像上的一条线对应，采用 CSR-RM 算法将会引入更多的假正样本，如图 3.10（b）中天空与树的匹配。然而这些匹配通常违背平滑性约束，因而会被 CSR-NRM 算法去掉，如图 3.10（c）所示。

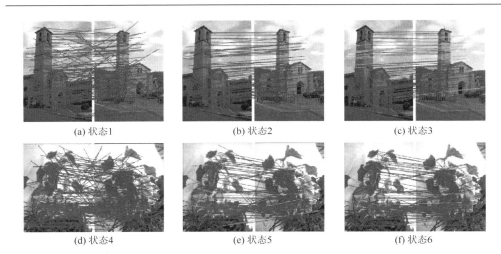

(a) 状态1　　　　　　　　　(b) 状态2　　　　　　　　　(c) 状态3

(d) 状态4　　　　　　　　　(e) 状态5　　　　　　　　　(f) 状态6

图 3.10　本书方法在图像对 Valbonne（上）和 Tree（下）上的误配消除结果（后附彩图）

左：初始的 SIFT 特征点匹配；中：CSR-RM 算法保留的特征点匹配；右：CSR-NRM 算法保留的特征点匹配。在两对图像上初始的特征点匹配精确度分别为 54.76% 和 56.29%。在使用 CSR-RM 算法和 CSR-NRM 算法后，分别得到精度-召回率对，Valbonne 为（94.12%，92.75%），Tree 为（90.82%，94.68%）（刚性模型），以及 Valbonne 为（98.33%，85.51%），Tree 为（97.83%，95.74%）（非刚性模型）。图中直线段指示匹配结果，蓝色代表正确的正样本，绿色代表错误的负样本，红色代表错误的正样本

综上所述，对于满足刚性运动模型的图像对，CSR-RM 算法是更优的选择，原因如下：①采用默认参数设置，SIFT 特征点匹配的初始内点比率通常较高，如高于 50%；②在初始内点比率较高的情况下，CSR-RM 算法与 CSR-NRM 算法得到的匹配效果相当，但是 CSR-RM 算法保留的匹配对由于满足图像的几何变换模型而显得更有意义。在内点比率较低的情况下，还可以结合 CSR-RM 算法与 CSR-NRM 算法来建立精确的点集匹配：首先采用 CSR-NRM 算法剔除误匹配以减小匹配集合的规模并提高内点比率，然后采用 CSR-RM 算法估计图像的几何变换模型以建立精确的点集匹配。

下面作为对比，给出所有其他四种算法在这两对图像上的结果，如表 3.1 所示，初始正确匹配的百分比为 56.29%，表中的二元组为精度-召回率对，可以看到 MLESAC 算法相比于 RANSAC 算法，在精度上有轻微的提升，但召回率也有轻度的下降。ICF 算法有相对满意的精度，但召回率太低。与本章的基于非刚性模型的算法一样，VFC 算法也受到图像大视差的影响，这是由于 VFC 算法也使用了平滑性约束作为先验。然而，VFC 算法和本章的 CSR-NRM 算法总体来说具有更好的性能。

表 3.1　五种算法在 Tree 图像对上误配消除性能的对比　　　　　（单位：%）

算法	RANSAC 算法	MLESAC 算法	ICF 算法	VFC 算法	CSR-NRM 算法
Tree	（94.68，94.68）	（98.82，89.36）	（92.75，68.09）	（94.85，97.87）	（97.83，95.74）

3. 在单应图像对上的结果及分析

接下来，在 Mikolajczyk 数据集上进行实验。该数据集包含了大视角变化、图像旋转、仿射变换等多种情形。采用所有的 40 对图像，对每一对图像，将 SIFT 距离比率阈值分别设为 1.5、1.3 和 1.0，这样一共得到 120 对测试数据集。该数据集中初始正确匹配点比率的累积分布如图 3.11 所示。初始正确匹配比率的平均值为 0.6958%，其中接近 30%的样本图像对的正确匹配比率低于 0.5000%。图 3.12 给出了一些算法在该数据集上的精度-召回率统计结果，其中每一个散点表示在某一对图像上的精度-召回率对。

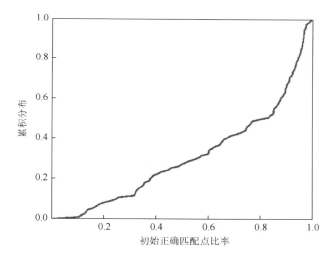

图 3.11　Mikolajczyk 数据集上初始正确匹配点比率的累积分布图

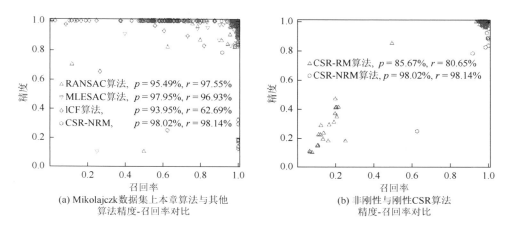

(a) Mikolajczk 数据集上本章算法与其他
算法精度-召回率对比

(b) 非刚性与刚性 CSR 算法
精度-召回率对比

图 3.12　Mikolajczyk 数据集上的实验结果（后附彩图）

　　图 3.12 中，图 3.12（a）表示 RANSAC 算法、MLESAC 算法、ICF 算法和 CSR-NRM 算法的精度-召回率统计，CSR-NRM 算法（右上角的红色圆圈）具有最好的精度和召回率；图 3.12（b）表示 CSR-NRM 算法与 CSR-RM 算法的精度-召回率统计对比。在该数据集上，RANSAC 算法、MLESAC 算法、ICF 算法、和本章的 CS-NRM 算法的平均精度-召回率对分别为（95.49%，97.55%）、（97.95%，96.93%）、（93.95%，62.69%）和（98.02%，98.14%），见表 3.1。从图 3.12 的结果中可知，由于图像基于单应的几何约束相对简单，RANSAC 算法和 MLESAC 算法在绝大多数图像对上都有很好的结果；但由于一部分图像的初始内点比率过低，在这些图像对上的效果较差。ICF 算法通常不能保证准确率和召回率同时较高。相比之下，CSR-NRM 算法具有最好的准确率与召回率的折中，图中的散点几乎集中在右上角。这些结果表明 CSR-NRM 算法对常见的图像变换如大视角变化、图像旋转、图像压缩、仿射变换、光照变化等，以及对匹配集中包含的大量误匹配都表现出很强的鲁棒性，因为这些情况均包含在数据集中。

　　图 3.12（b）给出了 CSR-RM 算法的统计结果，与 CSR-NRM 算法相比，刚性模型在一部分图像对上的结果很差。实际研究表明，这些图像的初始内点比率都很低，一般都低于 50%，也就是说 CSR-RM 算法对离群点的抗干扰性并不强。然而，当初始内点比率并不那么低时，CSR-RM 算法依然可以得到满意的效果。

4. 在非刚性运动模型图像对上的结果及分析

　　传统的误配消除算法，如 RANSAC 算法，依赖于一个几何模型，如基础矩阵。如果图像中存在一些可变形的物体，由于图像对之间的几何模型不可预知，这些方法将不再有效。但本章的基于非刚性模型的算法不依赖于任何特殊的参数模型，相反，其使用一个基于平滑性约束的 TPS 模型来对图像非线性变换统一地建模。

　　下面测试算法在包含非刚性运动的图像对上的误配消除性能，如图 3.13 所示。图 3.13 中包含了一件具有不同程度变形的 T 恤。从算法的结果中可以看出，在所有这六对图像上，本章的方法能产生几乎完美的误配消除结果。

　　将 ICF 算法和 VFC 算法作为对比，结果如表 3.2 所示。显然，本章的方法具有最好的精度与召回率。随着物体形变的增加，ICF 算法的性能会急剧下降。此外，本章的算法相对于 VFC 算法也似乎对形变更加鲁棒，当误匹配的数量超过正确匹配数量的时候也是如此，如表 3.2 的最后两列所示。

　　使用 MATLAB 代码并在英特尔奔腾 2.0 GHz 的个人计算机上，ICF 算法、VFC 算法和本章 CSR-NRM 算法在这六对图像上的平均运行时间分别为 0.47 s、0.32 s 和 0.45 s。

图 3.13 本章 CSR-NRM 算法的误配消除性能在包含非刚性运动的
图像对上的实验结果（后附彩图）

从左到右，从上至下，物体形变的程度逐渐增加。初始的正确匹配比率分别为 88.82%、74.76%、63.47%、53.39%、49.61% 和 43.81%。在使用本章的算法去除误匹配后，本章 CSR-NRM 算法得到精度-召回率对为（100.00%，99.78%）、（97.78%，99.95%）、（98.58%，100.00%）、（100.00%，98.41%）和（98.99%，98.99%）。图中直线段指示匹配结果，蓝色代表正确的正样本，绿色代表错误的负样本，红色代表错误的正样本

表 3.2 三种算法在图 3.13 中的图像上误配消除性能对比（从左到右，从上至下）

（单位：%）

初始内点比率	ICF 算法	VFC 算法	RPM-NRM 算法
88.82	（98.91，99.78）	（100.00，99.12）	（100.00，99.78）
74.66	（80.70，94.57）	（96.93，100.00）	（97.78，99.55）
63.47	（65.09，99.28）	（97.01，93.53）	（98.58，100.00）
53.39	（55.26，100.00）	（98.28，90.48）	（98.41，98.41）
49.61	（68.13，98.41）	（92.54，98.41）	（100.00，98.41）
43.81	（87.50，84.85）	（97.98，97.98）	（98.99，98.99）

注：表中第一列为初始内点比率，后面三列的二元组为精度-召回率对

实验扩展——导引匹配。本章的基于非刚性模型的方法不仅能估计出一个内点的集合，还能恢复出图像点对之间的空间映射关系，对于第一幅图像中的每个点，通过学习到的空间变换函数，如式（3.16），可以给出其在第 2 幅图像中对应位置的一个估计，如图 3.14 所示。因此，本章的算法可以用作导引匹配。

5. 遥感图像的匹配

下面讨论将本章算法用于遥感图像匹配。遥感图像的匹配在遥感信息处理领

图 3.14　　导引匹配实验

对图 3.13 中第一行图像对中的误匹配进行导引匹配，上：SIFT 特征匹配点对中的误匹配；下：导引匹配的结果。对于每一个误匹配，本章使用学习到的图像变换关系来估计第 1 幅图像中的某个点在第 2 幅图像中的正确位置

域具有很重要的作用，如勘测区域遥感图像的镶嵌、土地使用的监测、园林规划、不同传感器成像的遥感图像的信息融合、遥感图像超分辨率等。

下面将本章的基于非刚性模型的算法推广到遥感图像匹配上。如图 3.15 所示，为了匹配一对遥感图像（一幅全色 panchromatic，PAN）图像与一幅多光谱（multispectral，MS）图像），首先提取图像的 SIFT 特征点匹配，然后采用本章的算法求取一个图像空间变换关系，最后利用求得的空间变换关系将一幅图像映射到另一幅图像上以达到匹配的目的。

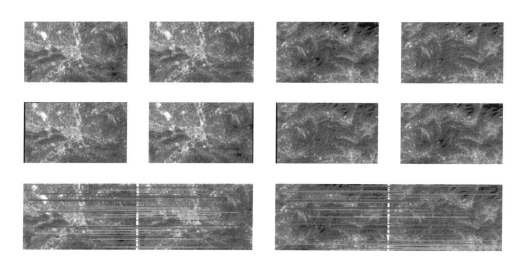

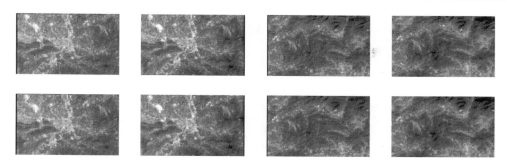

图 3.15　两对遥感图像的匹配实验（后附彩图）

第一行：两对遥感图像，其中对于每一组图像，左边的是 PAN 图像，右边的是 MS 图像。第二行：真实的匹配结果，其中对于每一组图像，左边的是 MS 图像匹配到 PAN 图像上的结果，右边的是 PAN 图像匹配到 MS 图像上的结果。第三行：本章基于非刚性模型的算法估计出的精确 SIFT 特征点对应，为了可见性，这里只是随机地显示了 50 个匹配对。第四行：本章算法的匹配结果。第五行：RANSAC 算法的匹配结果

　　如图 3.15 所示的实验结果中，在第一行给出真实的匹配结果，可以看到图像对存在平移与细微的尺度变化。在第二行给出使用本章算法得到的精确 SIFT 特征匹配对，不难看出，保留的所有匹配对均是正确的。最终的匹配结果显示在第四行，这里我们通过人眼来评估算法的匹配效果，与第二行的真实结果相比，本章的算法产生了几乎完美的匹配结果。作为对比，也采用 RANSAC 算法在该数据上进行了匹配实验。将单应作为 RANSAC 算法的几何模型，实验结果如第五行所示。这里可以看到 RANSAC 算法同样能得到比较满意的结果，但是本章算法获得的结果更为精确，这可以通过观察匹配后的图像的边界得知，如图 3.15 中第二、第四和第五行所示。

6. 三维图像匹配

　　使用三维刚性模板或者非刚性模板，该算法可以很容易扩展到三维的情况。这里以三维非刚性情况为例，来展示本章 CSR-NRM 算法在三维情况下对物体的非刚性运动的匹配情况。在计算公式里面，唯一的不同是这里的 TPS 核是 $K(r) = -r$ 而不是二维情况下的 $K(r) = r^2 \ln r$。这里采用 MeshDOG mesh difference of gaussian 算法进行特征点检测，MeshHOG（Mesh Histogram of Oriented Gnadients）作为特征描述子来建立初始对应。

　　实验的数据集是 INRIA Dance-1 序列，这里三维图像是一个移动的人，匹配结果如图 3.16 所示。

　　左边两组显示的三维图像对来自序列中比较靠近的两帧，形变较小。初始找到 576 对点对应，使用本章 CSR-NRM 算法，保留了其中的 121 对来建立正确的对应。右边两组三维图像对来自序列中离的较远的两帧，因此初始匹配的结果也

差一些。初始点对应有 571 对，用本章的算法保留了其中的 58 对。

图 3.16　三维形变目标的匹配结果（INRIA Dance-1 序列）

左边两组：第 525 帧和第 528 帧的匹配结果。右边两组：第 540 帧和第 550 帧的匹配结果。对于每一组图像，
左边显示的是使用本章 CSR-NRM 算法找到的正确的匹配点对，右边显示的是被去除的误匹配点对

3.6　收敛性分析

同样对 Mikolajczyk 数据集上八组数据进行收敛性验证实验。对每对图像分别取三种 SIFT 距离比值阈值 1.5、1.3 和 1.0，并剔除初始内点比率小于 10% 的情况。实验结果如图 3.17 所示，该图中给出的三种阈值下的 CSR-NRM 算法的平均迭代次数为 13.91，迭代次数受初始内点比率影响，即初始内点比率越高如蓝色的线所示，收敛速度越快，反之亦然。完全数据对数似然是通过内点的数量进行归一化以后的结果。

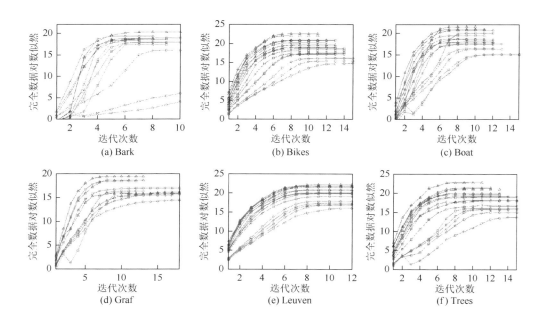

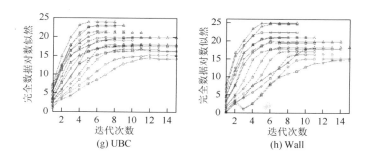

图 3.17　CSR-NRM 算法在 Mikolajczyk 数据集上八组图片集的收敛实验图示（后附彩图）

蓝线、绿线和红线分别代表不同的 SIFT 距离比值阈值的情况，线上每个节点的纵坐标表示本次迭代完成时得到的
完全数据对数似然数值。初始内点比率小于 10%的情况丢弃不显示

3.7　相关算法分析

从去误配的角度上来看，本章 CSR-NRM 算法与 ICF 算法和 VFC 算法均有联系。

（1）与 ICF 算法的联系。两种算法均是采用正则化技术和迭代算法估计从一幅图像到另一幅图像的映射。但两者也有很大的区别：一方面，ICF 算法将高斯 RBF 作为核对映射进行建模，而 CSR-NRM 算法采用的是 TPS 函数；另一方面，本章的算法是在 EM 算法框架下估计，在每一次迭代中每一对匹配均有一个后验概率以指示其属于正确匹配的程度，这种软指派策略在点集匹配中具有很大的优势，而 ICF 算法用的是启发式的迭代方法，并且对样本点是否为正确匹配采用硬决策，一旦某对匹配被判为误匹配，即使为正确匹配，它也将被永久去除，这也是 ICF 算法的召回率低的一个重要因素。

（2）与 VFC 算法的联系。两种算法均是在贝叶斯和 EM 算法的框架下寻找一个拟合潜在内点的映射函数。区别在于：VFC 算法在 RKHS 中以高斯 RBF 为核对映射 f 进行建模，将点集匹配问题转化为一个向量场插值问题，然后拟合出一个光滑的向量场以剔除误匹配。而在 CSR-NRM 算法中，空间映射由 TPS 函数参数化，于是图像变换可以被明确地分解为线性和非线性两个部分。此外，TPS 最小化的弯曲能量具有特殊的物理意义，这在图像运动模型为非刚性的情况下具有特别的优势。

本章在第 2 章的 CSR 框架下，研究了非刚性情况下的变换估计问题，由于非刚性情况下不再满足对极几何和单应，不能用估计基础矩阵或单应来求解，所以着重研究变换函数的求解方法。并且为了解决内点比率低时，空间复杂度高、影响性能的问题，在模型中加入了正则化约束。

本章详细分析了 CSR-NRM 算法与当前最先进的点集匹配算法的异同，从而进一步突出了 CSR-NRM 算法的优越性。通过在标准数据集上的测试及与大量最先进算法的对比，结果显示 CSR-NRM 算法能产生更优的匹配效果，对常见的图像变换如大视角变化、图像旋转、图像压缩、仿射变换、光照变化、非刚性变换等，以及对匹配集中包含的大量误匹配都表现出很强的鲁棒性。此外，CSR-NRM算法在非刚性情况下显示出的优越性能体现了其在图像检索及非刚性图像配准等问题中的潜在价值。另外，本章的方法具有一般性，并可以推广到解决三维图像的匹配问题上来。

第4章　基于分层混合模型的鲁棒点匹配算法

4.1　概　　述

前面介绍 CSR-RM 算法和 CSR-NRM 算法，都是寻找一种适用于找图像间对应关系的全局变换。在求解点集匹配问题时，对点集或图像之间潜在的空间关系采用单一的变换函数进行建模，而在某些特殊情况下，如当场景中存在多个独立的个体以不同的运动模型进行运动时（这里称为分层运动模型），采用单一的变换函数将不足以拟合图像的运动场。为了弥补这个不足，本章提出了一个基于对图像运动场进行分层的混合模型，其自适应地对不同运动模块单独进行建模，从而改进算法的匹配效果。具体说来，本章将 CSR-NRM 算法进行推广，使其能处理场景中包含多层运动模型的情况。与 CSR-NRM 算法仅插值一个全局的变换函数不同，本章采用一个混合模型并插值一个变换函数集来拟合点匹配，这使给出的模型能够捕获到图像的分层运动，从而对场景中存在不连续的多种运动模型的情况更为鲁棒。

如图 4.1（a）所示，首先采用 SIFT 算法建立一个初始的假定点对应，这里包含一定数量的离群点。由于图像场景中狐狸和地面的运动模式不一致，无法插值一个足够平滑的全局的变换函数以拟合所有的正确匹配。因此，如图 4.1（b）所示，使用 CSR-NRM 算法将只保留正确匹配的主体部分，即位于地面上的特征点，本章的算法插值一个变换函数集，其能够捕获图像的分层运动，从而位于地面和狐狸上的特征点均会被保留下来，如图 4.1（c）所示。

(a) SIFI算法得到的匹配结果　　　(b) 使用单一模式得到的匹配结果　　　(c) 使用两种不同模式得到的匹配结果

图 4.1　本章点匹配算法的原理说明图（后附彩图）

图 4.1（a）中蓝线为采用 SIFT 算法得到的图像特征点匹配对，其中包含了正确和错误的匹配对，狐狸和地面的变化（运动）模式是不同的；图 4.1（b）中蓝线表示找出的地面匹配对；图 4.1（c）中表示两种不同模式的匹配，红线表示狐狸的匹配对，蓝线表示地面的匹配对

4.2　混合变换估计

4.2.1　问题建模

给定一个受噪声和离群点干扰的图像特征点集合 $S = \{(\boldsymbol{x}_i, \boldsymbol{y}_i)\}_{i=1}^{n}$。采用第 3 章 CSR-NRM 算法找到基于非参数模型的变换函数 f 以拟合潜在的内点，即对于任何内点/正确匹配 $(\boldsymbol{x}_i, \boldsymbol{y}_i)$，有 $\boldsymbol{y}_i = f(\boldsymbol{x}_i)$，进而剔除离群点/误匹配。这里变换函数 f 是连续且平滑的，通常无法处理场景中包含分层运动的现象。此时需要更加鲁棒的算法以获得稳定的匹配结果，为此考虑一个混合模型，插值一个变换函数集来拟合点集对应关系，而不仅仅是一个全局的变换函数。本章考虑采用混合模型来构造 K 个变换 f_k 而不是单一变换来解决这个问题。

这里同样假定对于内点噪声为各向同性的高斯白噪声，协方差为 $\sigma^2 \boldsymbol{I}$；对于离群点，输出空间是一个维度为 D 的有界的区域，通常 D 取 2 或 3，分布是一个均值为 $1/a$ 的均匀分布，这里 a 是一个常数。下面引入一系列隐变量 z_i，其中 z_i 为一个有一个特定分量为 1、其他分量均为 0 的 $K+1$ 维向量，前 K 维对应于 K 个组成部分，最后的 $K+1$ 维对应离群点。$z_{ik} = 1$ 意味着第 i 个对应关系为内点且与变换关系 f_k 相对应；$z_{ik+1} = 1$ 意味着第 i 个对应关系为离群点；z_{ik} 的边缘分布 p 由混合系数 π_k 来决定，即

$$p(z_{ik} = 1) = \pi_k \tag{4.1}$$

为了满足概率的基本性质，这里通过参数 π_k 满足 $0 \leqslant \pi_k \leqslant 1$ 及

$$\sum_{k=1}^{K+1} \pi_k = 1 \tag{4.2}$$

来确保概率分布有意义。

对于一对匹配点 $(\boldsymbol{x}_i, \boldsymbol{y}_i)$ 对应的变换关系的一致性可用均值为 0，协方差为 $\sigma^2 \boldsymbol{I}$ 的高斯分布来表示：

$$p(\boldsymbol{x}_i, \boldsymbol{y}_i \mid z_{ik} = 1, \boldsymbol{\theta}) = N[\boldsymbol{y}_i - f_k(\boldsymbol{x}_i) \mid 0, \sigma^2 \boldsymbol{I}] \tag{4.3}$$

这里，$1 \leqslant k \leqslant K$，$\boldsymbol{\theta} = \{f, \sigma^2, \pi_k\}$，包含一系列未知参数。

采用向量 $\boldsymbol{X}$ 和 $\boldsymbol{Y}$ 来表示观测的样本，这里第 i 行分别用 $\boldsymbol{x}_i^{\mathrm{T}}$、$\boldsymbol{y}_i^{\mathrm{T}}$ 代表。令 Z 表示所有隐变量的集合。在该假设下，混合模型的似然函数可以表示为

$$p(\boldsymbol{X},\boldsymbol{Y}\,|\,\boldsymbol{\theta}) = \sum_{\boldsymbol{Z}} p(\boldsymbol{X},\boldsymbol{Y},\boldsymbol{Z}\,|\,\boldsymbol{\theta}) = \prod_{i=1}^{n} p(\boldsymbol{x}_i,\boldsymbol{y}_i,\boldsymbol{z}_i\,|\,\boldsymbol{\theta})$$

$$= \prod_{i=1}^{n}\left[\sum_{k=1}^{K}\frac{\pi_k}{(2\pi\sigma^2)^{D/2}}\mathrm{e}^{-\frac{\|\boldsymbol{y}_i-f_k(\boldsymbol{x}_i)\|^2}{2\sigma^2}}+\frac{\pi_{K+1}}{a}\right] \tag{4.4}$$

注意均匀分布仅在一个有界的区域内非零，为了表述方便，这里省略了其指示函数。

为了在一个数据集 S 中恢复一系列变换关系 f_k，采用概率方法关于变换函数的先验，假定 f_k 通过一个先验的概率随机场 $p(f_k)$ 实现，仅对满足这些限制的函数分配一个大的概率值。对变换函数采用如下先验模型：

$$p(f_k) \propto \mathrm{e}^{-\frac{\lambda}{2}\Phi(f_k)} \tag{4.5}$$

这里 $\Phi(f_k)$ 是一个正则化约束，λ 是一个正实数。采用贝叶斯规则，求解 $\boldsymbol{\theta}$ 的最大后验解：

$$\boldsymbol{\theta}^* = \arg\max_{\boldsymbol{\theta}} p(\boldsymbol{\theta}\,|\,\boldsymbol{X},\boldsymbol{Y}) = \arg\max_{\boldsymbol{\theta}} p(\boldsymbol{Y}\,|\,\boldsymbol{X},\boldsymbol{\theta})p(f)$$

这等价于一个最小化能量函数的问题：

$$E(\boldsymbol{\theta}) = -\sum_{i=1}^{n}\sum_{z_i} p(\boldsymbol{y}_i,\boldsymbol{z}_i\,|\,\boldsymbol{x}_i,\boldsymbol{\theta}) - \sum_{k=1}^{K}\ln p(f_k) \tag{4.6}$$

f_k 的最优解将直接通过最优解 $\boldsymbol{\theta}^*$ 得到，隐变量 $\boldsymbol{z}_i$ 则可用于判断内点。

4.2.2　问题求解

对于能量函数式（4.6）的优化问题，通过 EM 算法求解。EM 算法是一种通用的求解包含隐变量的优化问题的方法。采用标准 EM 算法，并且忽略一些独立于 $\boldsymbol{\theta}$ 的项，并令 $\gamma(z_{ik}) = p(z_{ik}=1\,|\,\boldsymbol{x}_i,\boldsymbol{y}_i,\boldsymbol{\theta})$，完全对数后验概率为

$$Q(\boldsymbol{\theta},\boldsymbol{\theta}^{\mathrm{old}}) = -\frac{1}{2\sigma^2}\sum_{i=1}^{n}\sum_{k=1}^{K}\gamma(z_{ik})\|\boldsymbol{y}_i-f_k(\boldsymbol{x}_i)\|^2 - \frac{\lambda}{2}\sum_{k=1}^{K}\Phi(f_k)$$

$$-\frac{D}{2}\ln\sigma^2\sum_{i=1}^{n}\sum_{k=1}^{K}\gamma(z_{ik}) + \sum_{i=1}^{n}\sum_{k=1}^{K+1}\gamma(z_{ik})\ln\pi_k \tag{4.7}$$

1. E 步

通过贝叶斯准则，采用当前的参数 θ^{old} 可以得到隐变量的后验概率分布：

$$\gamma(z_{ik}) = \frac{\pi_k N[\boldsymbol{y}_n-f_j(\boldsymbol{x}_n)\,|\,0,\sigma^2\boldsymbol{I}]}{\sum_{j=1}^{K}\pi_j N[\boldsymbol{y}_n-f_j(\boldsymbol{x}_n)\,|\,0,\sigma^2\boldsymbol{I}]+\pi_{K+1}/a} \tag{4.8}$$

后验概率 $\gamma(z_{ik})$ 指示第 i 个点对应与当前的变换 f_k 的吻合程度。

2. M 步

更新模型参数 $\boldsymbol{\theta}^{\text{new}}$:

$$\boldsymbol{\theta}^{\text{new}} = \arg\max_{\boldsymbol{\theta}} Q(\boldsymbol{\theta}, \boldsymbol{\theta}^{\text{old}})$$

$$N_k = \sum_{i=1}^{n} \gamma(z_{ik})$$

对 $Q(\theta)$ 关于 π_k 和 σ^2 求导并令它们为 0，可得

$$\pi_k = \frac{N_k}{N} \tag{4.9}$$

$$\sigma^2 = \frac{\displaystyle\sum_{i=1}^{n}\sum_{k=1}^{K} \gamma(z_{ik}) \| \boldsymbol{y}_n - f_k(\boldsymbol{x}_n) \|^2}{D \displaystyle\sum_{k=1}^{K} N_k} \tag{4.10}$$

$$N_k = \sum_{i=1}^{n} \gamma(z_{ik}) \tag{4.11}$$

下面考虑 $Q(\boldsymbol{\theta})$ 中关于 f_k 的项，可以得到一个正则化函数：

$$\varepsilon(f_k) = \frac{1}{2\sigma^2} \sum_{i=1}^{n} \gamma(z_{ik}) \| \boldsymbol{y}_n - f_k(\boldsymbol{x}_n) \|^2 + \frac{\lambda}{2} \boldsymbol{\Phi}(f_k) \tag{4.12}$$

在 RKHS(H)中对 f_k 进行建模，详情见附录Ⅱ。

采用高斯核来定义此空间：

$$\boldsymbol{\Gamma}(\boldsymbol{x}_i, \boldsymbol{y}_i) = \mathrm{e}^{-\beta \| \boldsymbol{x}_i - \boldsymbol{y}_j \|^2} \, I$$

对于正则化函数 $\boldsymbol{\Phi}(f)$ 采用平方形式

$$\boldsymbol{\Phi}(f) = \| f \|_H^2$$

可以得到如下定理。

定理 4.1　正则化代价函数式（4.12）的最优解具有如下形式：

$$f_k(x) = \sum_{n=1}^{n} \boldsymbol{\Gamma}(\boldsymbol{x}, \boldsymbol{x}_n) \boldsymbol{c}_{nk} \tag{4.13}$$

其系数由一个线性系统来定义：

$$(\boldsymbol{\Gamma} + \lambda\sigma^2 \boldsymbol{P}_k^{-1}) \boldsymbol{C}_k = \boldsymbol{Y} \tag{4.14}$$

其中核矩阵

$$\boldsymbol{\Gamma}_{ij} = \mathrm{e}^{-\beta \| x_i - x_j \|^2}, \quad \boldsymbol{P}_k = \mathrm{diag}[\gamma(z_{1k}), \gamma(z_{2k}), \cdots, \gamma(z_{nk})], \quad \boldsymbol{C}_k = (c_{1k}, c_{2k}, \cdots, c_{Nk})^{\mathrm{T}} \, .$$

定理 4.1 的证明过程见附录Ⅱ。

一旦 EM 算法收敛，可以得到一系列变换 f_k。此外，采用一个预先定义的阈值 τ，可以得到内点的集合 $\mathscr{T}$ 为

$$\mathscr{T} = \left\{ n : \sum_{k=1}^{K} \gamma(z_{nk}) > \tau \right\} \tag{4.15}$$

算法步骤总结在算法 4.1 中。由于本章的鲁棒图像点匹配算法是基于混合模型的，该方法称为基于混合模型的鲁棒点匹配（robust point matching based on mixture model，RPM-MM）算法。

算法 4.1 RPM-MM 算法

输入 两组形状轮廓采样点 $S = \{(\boldsymbol{x}_i, \boldsymbol{y}_i)\}_{i=1}^n$，参数 λ、β、τ

输出 变换 f_k，内点集 $\mathscr{T}$

初始化 $\gamma(z_{ik})$，$\boldsymbol{C}_k = \boldsymbol{0}_{N \times D}$。

通过式（4.9）和式（4.10）计算 π_k、σ^2。

设置常数 a，计算 $\boldsymbol{\Gamma}$。

迭代

    E 步：

        通过式（4.8）更新 $\gamma(z_{ik})$。

    M 步：

        通过求解线性系统式（4.14）更新 $\boldsymbol{C}_k$；

        通过式（4.13）计算 $\{f_k(\boldsymbol{x}_i)\}$；

        通过式（4.9）和式（4.10）更新 π_k、σ^2。

直到 Q 收敛。

    通过式（4.13）和式（4.15）计算变换集合 f_k 和内点集 $\mathscr{T}$。

4.3 快 速 算 法

仅仅由式（4.14）的线性系统即可得到变换关系 f_k。然而，对于大数据 n，将会带来沉重的计算负担，如时间复杂度为 $O(n^3)$，空间复杂度为 $O(n^2)$。因此，即使算法非常有效，人们也更倾向于选择次优但更简单的方法。为了解决这个问题，这里提出了一种基于子集回归算法的快速算法。

不同于在式（附录Ⅱ中后公式 4.19）的 H_N 中寻找最优解（见附录Ⅱ），这里使用一种稀疏估计，在具有较少基础方程的空间 H_M 中寻找次优解：

$$\mathscr{H}_M = \left\{ \sum_{j=1}^{m} \boldsymbol{\Gamma}(\cdot, \tilde{x}_j) \boldsymbol{c}_j : \boldsymbol{c}_j \in \mathscr{Y} \right\} \tag{4.16}$$

在整个样本数据中最小化代价函数。这里 $m \ll n$ ，选择点集 $\{\tilde{x}_j : j \in N_n\}$ 作为点集 $\{\boldsymbol{x}_n : n \in N_n\}$ 的随机子集。Ma 等（2013）的文献已证明，简单地从训练输入数据子集随机地选择数据，结果并不比复杂方法差。根据稀疏估计的思想，本章的搜索解决方案具有如下形式：

$$f_k(x) = \sum_{j=1}^{m} \boldsymbol{\Gamma}(\cdot, \tilde{x}_j) \boldsymbol{c}_{jk} : k \in N_n \tag{4.17}$$

系数集 $\{c_{jk} : j \in N_n\}$ 由一个线性系统来确定：

$$(\boldsymbol{U}^{\mathrm{T}} \boldsymbol{P}_k \boldsymbol{U} + \lambda \sigma^2 \boldsymbol{\Gamma}^{\mathrm{s}}) \boldsymbol{C}_k^{\mathrm{s}} = \boldsymbol{U}^{\mathrm{T}} \boldsymbol{P}_k \boldsymbol{Y} \tag{4.18}$$

式中： $\boldsymbol{C}_k^{\mathrm{s}} = (c_{1k}, c_{2k}, \cdots, c_{mk})^{\mathrm{T}}$ 为一个系数向量； $\boldsymbol{\Gamma}^{\mathrm{s}}$ 为 $m \times m$ 块格拉姆矩阵，第 ij 块为 $\boldsymbol{\Gamma}(\tilde{x}_i, \tilde{y}_j)$ 。相比于定理 4.1 中给出的最优解是基础函数 $\{\boldsymbol{\Gamma}(\cdot, \boldsymbol{x}_n) : n \in N_n\}$ 的线性组合，子系统由任意 M 组基础函数的线性组合构成。这种稀疏估计将产生大的提速，并使存储需求降低，而且对性能几乎没有影响。相比于算法 4.1 中的原始算法，快速算法可以解决式（4.18）表示的不同线性系统。

4.4　算法复杂度分析

现在讨论算法的计算复杂度。对于 RPM-MM 算法，表示对应关系的矩阵 $\boldsymbol{\Gamma}$ 的大小为 $n \times n$ ，根据定理 4.1，需要对每一个 f_k 找一个线性系统式（4.14）。由前面章节的分析知道，求解一个线性系统的时间复杂度为 $O(n^3)$ ，这是算法中最耗时的一步。每次迭代算法时间复杂度为 $O(Kn^3)$ 。目前的算法中使用 MATLAB "\" 操作，它采用 Cholesky 分解操作，由于存储核矩阵 $\boldsymbol{\Gamma}$ 的需要，空间复杂度为 $O(n^2)$ 。

对于快速算法，对应的核矩阵 $\boldsymbol{\Gamma}$ 的大小为 $m \times m$ ， m 是稀疏表达中选出来的基础函数数量。此时每次迭代的时间复杂度变成了 $O(Km^2 n + Km^3)$ ，空间复杂度减小为 $O(mn + m^2)$ 。一般情况下，在图像的点匹配问题中，匹配点数一般约为 10^3 ，需要的基础函数数量 m 约为 10，因而时间和空间复杂度可以写成 $O(n)$ ，这对于大数据量时是非常必要的。后面的实验也证明了快速算法比 RPM-MM 算法快很多，但性能几乎没有衰退。

4.5　分层非刚性点集匹配问题

对于两个点集，模板点集 $\{x_i\}_{i=1}^n$ 和目标点集 $\{y_j\}_{j=1}^l$，在非刚性情况下，要求估计一个非刚性变换 f 来表示它们之间的变换关系。本章的 RPM-MM 算法能够产生与一系列点对应关系有关的非刚性变换。因此，该算法被用于由一系列假定的对应关系来恢复两点集的变换。下面讨论如何建立初始对应。

对于纯粹的点集匹配问题，表观信息不起作用。通常，如果两个点集具有相似的形状，对应点将具有相似的邻域结构，这个结构信息包含着一种特征描述子。因而，寻找两个点集的对应关系即在一个点集（如模板点集）和另一个点集（目标点集）中寻找最相似的特征描述子。由于本章的方法对噪声和离群点很鲁棒，本章算法并不要求很精确的初始点集对应。

将 SC 作为形状描述子，使用匈牙利算法来匹配，将 χ^2 测试统计值作为代价估量。当两个点集基于它们的形状特征建立了粗糙的初始对应关系以后，使用一系列变换关系来变换模板点集。为了实现这个目标，需要判断每个模板点集中点的归属（属于混合模型的哪个组成部分），但是误匹配对应的模板点显然无法直接归属到变换函数中。解决这个问题的具体方法是：首先，根据粗糙对应得到的匹配结果，可以判断内点的归属；其次，对于剩下的模板点，将其归到已有归属的最邻近点的类里去；最后，分两步估计对应关系和变换关系，通过迭代得到可靠的结果。经过实验测试，实际的匹配过程中，使用固定的迭代次数（10 次），若数据有大的退化，需要的迭代次数会更多。算法 4.2 给出了具体的非刚性点集匹配算法步骤。

在给出实验结果之前，先给出具体的实现细节。点集匹配算法的性能非常依赖于点的坐标系统。具体来说，使用对应关系的一个线性尺度变换来使两个点集都具有零均值和单位方差。定义变换函数 f_k 为一个初始位置加上一个位移函数 v_k。v_k 可以通过设置输出 y_i 为 $y_i - x_i$ 来得到，通过求解 v_k 来代替 f_k 的求解可以使算法的结果更加鲁棒。

众所周知，EM 算法收敛到局部最大值，因此有容易陷入局部极值的问题。为了更好地初始化 EM 算法，这里首先使用 K 均值算法将对应关系聚到 K_0 个类中，将其中元素最少 $(K_0 - K)$ 的个类合并为离群点，这样可以得到 $K + 1$ 个类用于初始化。为了达到这个目的，可以将对应关系转化为一系列运动场样本 $\{y_i - x_i\}_{i=1}^n$，对它们进行聚类。前 K 个最大的类被看成内点混合模型的 K 个组成部分，被用来初始化 $\{\gamma(z_{ik}) \in \{0,1\} : i \in N_n, k \in N_K\}$，在本章的估计中，设置 $K_0 = 10$。K 根据点集的势自适应地确定，如果一个类的点集的势与最大点集的势之间的比值大于阈值 0.2，则被保留为初始内点集，典型的 $K = 2$ 或 3。

在本章算法中有三个参数：β、λ 和 τ。参数 β 和 λ 共同确定平滑调整的幅度，参数 τ 衡量点对应的正确性。设置 $\beta = 0.1$，$\lambda = 1$ 和 $\tau = 0.75$；均匀分布参数 a 为常数，$a = 10$；此外，快速算法中，用于稀疏估计的参数 $m = 15$。

算法 4.2　采用 RPM-MM 的非刚性点集匹配算法

输入　两个点集，模板点集 $\{x_i\}_{i=1}^{n}$，目标点集 $\{y_j\}_{j=1}^{l}$

输出　对齐的模板点集 $\{\hat{x}_i\}_{i=1}^{n}$

　　　　计算目标点集 $\{y_j\}_{j=1}^{l}$ 的特征描述子。

迭代

　　　　计算模板点集 $\{x_i\}_{i=1}^{n}$ 的特征描述子；

　　　　根据两个点集的特征描述子估计初始对应关系；

　　　　使用 RPM-MM 算法解决变换关系 $\{f_k\}_{k=1}^{K}$；

　　　　根据变换关系 $\{f_k\}_{k=1}^{K}$ 对模板点集进行变换；

　　　　使用变换后的模板点集更新模板点集。

直到达到给定的迭代数量。

在最后一次迭代中得到对齐的模板点集 $\{\hat{x}_i\}_{i=1}^{n}$。

4.6　实验结果及分析

下面通过实验来验证 RPM-MM 算法的性能，从两个方面展开实验：①给出一些该方法在典型的二维和三维图像对上的匹配结果；②给出在二维合成数据集上的非刚性形状匹配结果。如图 4.2 所示，上面一行前两幅图像对（树和教堂）为二维宽基线图像，第三幅图像对（书）为包含部分相同目标的图像，这种情况常见于图像或目标检索中。下面一行为三维图像对（如人、人马和狗），包含具有不同程度非刚性形变的目标。在本章的方法中，采用 SIFT 算法和 Zaharescu 等（2009）提出的 MeshDOG/MeshHOG 分别对二维和三维的情况建立初始的点对应。

匹配结果的正确性由以下方法来判断：对于二维图像，考虑一种结合主、客观因素的方法，先采用 RANSAC 算法在对极几何约束下进行匹配正确性判别，然后再人工确认。对于三维图像，数据集中已给出对比的基准。

将 RPM-MM 算法与四种现有的最好的图像匹配算法 [Fischler 等（1981）的

图 4.2　二维图像对和三维图像对的匹配结果

不同灰度的线表示混合模型的不同的对应部分，为了清楚地显示，这里随机选择了 100 个点对应进行显示

RANSAC 算法、Li 等（2010c）提出的 ICF 算法、Liu 等（2010a）的图筛选（graph sift，GS）算法和 Ma 等（2014）的 VFC 算法］进行比较。在五种算法中，参数都是固定的。对比算法中，ICF 算法是自行编程复现的，其他三个算法是采用作者提供的代码进行实验。从图 4.2 的结果可以看到，对于具有相对简单结构的图像对，如树或人，包含小幅度的旋转、视角变化和非刚性形变的情况，采用本章的 RPM-MM 算法，对应关系退化到只包含一个变换函数。在这种情况下，本章的 RPM-MM 算法等价于一个一般的非参数模型算法。对于包含大的视角变化或非刚性形变的情况，GMM 则包含多个变换函数以分别对不同部分进行建模，如教堂、书、人马和狗。注意到在教堂图像对中，RPM-MM 算法保留了天空上的点对应，这一点非常重要，通常如果去掉这些与其他点相比具有较大深度差的内点，将导致对极几何的恢复变得不稳定；书的匹配结果显示，本章的方法具有在不同背景中检索多个同样目标的能力。

　　定量地比较本书的 RPM-MM 算法与 RANSAC 算法、ICF 算法、GS 算法和 VFC 算法的性能，通过精度–召回率来表征。表 4.1 和表 4.2 分别表示了二维和三维的结果。如表 4.1 所示，ICF 算法和 VFC 算法在场景具有大的不连续性时具有低的召回率。事实上，它们保留了点对应的一个或两个主要组成部分，如图 4.2 所示。当对应关系为刚性时，RANSAC 算法可以得到比较满意的性能。但是对于非刚性情况，如书，其将不再适用。采用 GS 算法，在图像具有大的不连续时，如书，可以获得比 ICF 算法和 VFC 算法更好的性能，但是与本章的 RPM-MM 算法相比，它的召回率仍然很低。

表 4.1　　二维图像对的性能（精度-召回率）比较　　　　　　　（单位：%）

初始内点比率	树	教堂	书
	56.29	54.76	75.74
RANSAC 算法	（94.68，94.68）	（94.52，100.00）	-
ICF 算法	（92.75，68.09）	（91.67，63.77）	（91.24，40.53）
GS 算法	（97.62，87.23）	（91.78，97.10）	（100.00，82.48）
VFC 算法	（94.85，97.87）	（98.33，85.51）	（97.79，70.44）
RPM-MM 算法	（94.85，97.87）	（97.14，98.57）	（99.82，98.05）
RPM-MM 快速算法	（94.85，97.87）	（95.77，98.55）	（99.82，98.23）

表 4.2　　三维图像对的性能（精度-召回率）比较　　　　　　　（单位：%）

初始内点比率	人	人马	狗
	56.40	78.23	86.18
VFC 算法	（99.22，98.46）	（99.53，78.85）	（96.58，82.65）
RPM-MM 算法	（99.22，98.46）	（97.11，93.51）	（95.71，96.27）
RPM-MM 快速算法	（99.22，98.46）	（97.04，93.09）	（95.74，96.40）

在三维情况下同样的结论如表 4.2 所示。本章 RPM-MM 算法一般有最好的精度-召回率。而且其不受大的不连续性和大的非刚性形变的影响。由于除了 VFC 算法，其他三种算法不能够处理三维或者非刚性形变，表 4.2 的对比结果为 VFC 算法和本章 RPM-MM 算法的比较。

本章的 RPM-MM 算法具有最好的精度-召回率，并且不受大的不连续性和非刚性形变的影响。此外，在这六个图像对中，测试了本章快速算法，结果如表 4.1 和表 4.2 的最后一行所示。这六对图像对的平均初始匹配对数为 630，本章的 RPM-MM 算法和 RPM-MM 快速算法快速算法在英特尔酷睿主频 2.0 GHzCPU 的个人计算机上计算一幅图像的平均时间分别为 6 s 和 0.2 s。对比表 4.1 和表 4.2 中 RPM-MM 算法与快速算法的结果可知，快速算法可以在不牺牲精度的条件下大大加快算法的运算效率。

下面来评估本章的 RPM-MM 算法在处理非刚性点匹配问题，特别是形状匹配问题时的性能。这里选用与 Chui 等（2003）的文献相同的合成数据集。数据集包含两种不同的形状模型，第一种是包含了 96 个点的"鱼"的形状，第二种是包含更复杂的 108 个点的中文"福"字。将这两个形状结合在一起生成模板点集，图 4.3 中加号和圆圈分别表示两组形状，每组都包含"鱼"和"福"的形状。为了获得目标点集，采用两个随机产生的非刚性形变分别加于模板点集的两个形状中。

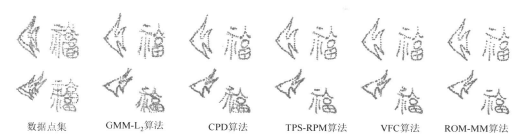

数据点集　　　GMM-L$_2$算法　　　CPD算法　　　TPS-RPM算法　　　VFC算法　　　ROM-MM算法

图 4.3　RPM-MM 算法点集匹配结果比较

图中数据包含两个独立运动的形状模型，其中上面一行形变程度较小，下面一行形变程度较大，
这里的任务是将"+"表示的模板点集对齐到"。"表示的目标点集上

　　图 4.3 是五种算法在点集匹配问题中的实验结果，从左到右依次为数据点集、Jian 等（2011）的 GMM-L$_2$ 算法、Myronenko 等（2010）的 CPD 算法、Chui 等（2003）的 TPS-RPM 算法、Zhao 等（2011）的 VFC 算法、RPM-MM 算法。这四种对比算法的实验结果都是采用作者提供的代码得到的。

　　在图 4.3 的第一行，数据包含相对简单的形变，在这种情况下，一个简单的变换就可以很好地近似两层运动，因而五种算法都可以得到比较好的实验结果。然而，随着形变的加剧，匹配性能也随之下降。第二行中，数据包含着较大的形变，在这种情况下，仅仅采用一个变换不能捕捉两层的运动，因此匹配性能随之下降。其中 GMM-L$_2$ 算法是一种较新的 GMM 算法，其建模思路与本章不同，它是将一个点集中的每个点都当成高斯的中心，前面也对该算法进行过分析，这里不再赘述，数据是"鱼"和"福"的点集合在一起构造的。从图 4.3 上可以看到，本章的算法取得了比现有算法更好的结果。

　　为了进行定量的评估，下面给出五种算法在所有 100 个样本上的配准结果。算法的性能采用召回率进行度量，这里召回率前面已经说过，是保留的正确内点数与内点总数的比率，而一个点对应效果的好坏，可以用其对齐后模板点与目标点的欧氏距离是否落在一个给定的精度阈值范围内来衡量。图 4.4 用召回率曲线给出了五种算法在所有 100 个样本上的统计结果。

　　可以看到 VFC 算法和 TPS-RPM 算法的效果要好于 CPD 算法与 GMM-L$_2$ 算法，而本章的 RPM-MM 算法则远远好于其他四种算法。主要原因是 RPM-MM 算法插值多个局部的变换函数以捕获数据的分层运动，而其他算法均插值单个全局的变换函数。也就是说，对于包含分层运动的点集，为了得到精确的配准结果，需要插值多个局部的变换函数而不是仅插值单个全局的变换函数。此外，在该数

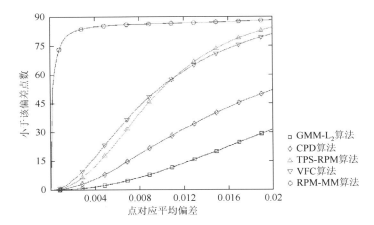

图 4.4　RPM-MM 算法点集匹配统计结果

据集上还测试了 RPM-MM 的快速算法并得到与原算法几乎相同的召回率曲线,因此在图 4.4 中省略了该曲线。

　　本章提出了一种新的基于混合模型的点匹配算法（RPM-MM 算法）。该算法可以从点集匹配中插值出一个变换函数集,从而能捕获图像或点集的分层运动。它采用 EM 算法迭代,通过插值一系列不同的变换函数来适应不同部分的点对应,因此能够在两幅图像间建立可靠的对应。通过图像特征点匹配问题及非刚性形状点集匹配问题的实验验证了 RPM-MM 算法的有效性,其很好地弥补了基于单一变换函数建模的点集匹配算法的不足。在二维和三维图像上定量的对比实验证明了该算法的有效性。

第5章　基于特征导引的图像匹配算法

5.1　概　　述

本书前几章提出的点集匹配算法均遵循两步法的基本框架，即首先依据待匹配点的局部特征建立候选匹配集，然后依据点集的全局几何约束进行误匹配剔除及空间变换关系求解。然而，由于局部特征的二义性，候选匹配集往往无法覆盖所有的真实匹配，从而造成真实匹配丢失。当图像质量差时，如视网膜图像等医学影像，图像中包含的特征点数量少，丢失真实匹配会直接造成匹配精度大大降低。针对此问题，本章进一步提出一种基于特征导引的 GMM，将两组点集表征为 GMM，通过拟合一个变换，使两个点集达到最大限度的重合。这个过程无须建立候选匹配集，从而可有效避免正确匹配的丢失。同时，将部分稳定特征作为锚点进行导引匹配，结合基于半监督的 EM 算法对匹配模型进行优化求解，使在误匹配比率高时仍然能够获得高精准的匹配结果。下面，结合视网膜图像匹配问题来引入本章提出的算法。

视网膜是人类中枢神经系统中唯一可以直接成像的部分，视网膜图像通常是利用眼底照相机获取的，这些眼底照相机包含有价值的局部和瞬时的视网膜信息，对视网膜疾病发展的临床检查具有重要意义。在本章的研究中，将重点放在视网膜图像的配准上，即需要实现同一视网膜在不同时间、不同视角或不同模态条件下成像获取的两幅或多幅图像的像素级精准对齐。这些问题通常分别对应于时间、空间和多模态配准。通过精确的配准，可实现多幅图像的全面理解（如提供广阔的视野或更高的分辨率）。因此，眼科医生可以对各种视网膜疾病提供更好的诊断和治疗方案，如糖尿病、青光眼、老年性黄斑变性等。然而，视网膜图像的配准是一个具有挑战性的任务，因为存在无纹理/非血管区域、非均匀强度/对比度分布、复杂的图像空间变换、不同病理现象的退化图像，以及重叠区域小导致的特征匹配少等问题。

视网膜图像配准近年来得到了广泛的研究，主流方法可分为基于区域和基于特征两类方法。基于区域的方法采用两幅视网膜图像重叠区域的像素灰度信息和预定义的相似性度量进行匹配（如互相关、相位相关和互信息）。这类方法适用于场景图像中细节较少的情况，此时只能通过像素灰度来表征图像特性。然而，这类方法往往计算代价高，且易受图像失真和光照变化的影响。与此相反，基于特征的方法利用特征描述子相似性约束与图像空间几何约束捕捉局部特征之间的对应关系。这些方法通常计算效率高，能在复杂情况下实现精准配准，从而适合临床应用。

本章提出一种基于半监督 EM 算法和局部几何约束的特征导引 GMM 来实现精确的视网膜图像配准。该方法具有可以处理复杂非刚性变形的优点，并能融合局部特征信息，保留大部分真实匹配，尤其是在数据存在严重退化的情况下。具体而言，将点集当作一个服从 GMM 分布的密度分布函数，拟合一个变换函数使其与另一个点集达到最大限度重合，其中每个 GMM 中心由一个特征点的空间位置及其局部表观描述子表征。将配准建模为一个 MLE 问题，使用事先建立的置信度较高的特征匹配进行初始化，采用半监督 EM 算法对其进行求解，并采用局部几何约束来保证优化问题的适定性。从边缘图中提取 SIFT 特征，使即便在多模态的视网膜图像中依然能够提取出具有显著性、不变性和高度可重复性的点特征，为实现精准配准奠定基础。

本章的贡献包括四个方面。第一，提出一种基于特征引导的 GMM，用于视网膜图像鲁棒配准，它实现了对现有丢失正确匹配和丢弃局部表观信息的匹配算法的补充。第二，提出采用半监督 EM 算法进行优化求解。通过使用置信度高的特征匹配来初始化 EM 算法，将它们作为锚点来避免或减轻陷入局部极值的影响。第三，引入局部几何约束进行非刚性匹配，使目标函数具有良好的适定性，利于空间变换的鲁棒估计。第四，采用稀疏近似，达到快速实现匹配的目的，使算法的时间复杂度相对于特征匹配的规模从三次方降到二次方。

5.2　特征导引算法

5.2.1　基于边缘图的特征提取

对于给定的一对视网膜图像，通过匹配从中提取的两个特征点集，可实现图像配准。需要提取特征来表征图像。这些特征应该具有独特性、不变性和高度可重复性等性质。通常，对于配准具有相似全局统计特性的图像对，采用表观特征，如灰度/颜色、纹理和梯度直方图（如 SIFT）等是好的选择。然而，对于多模态图像的配准，图像的灰度分布往往差别很大。因此，使用这些表观特征难以达到满意的匹配效果。为了保证方法的通用性，本书提出从边缘图中提取特征的策略。对于视网膜图像，虽然灰度分布差别大，但其边缘图往往具有相似的特性。

对于视网膜图像的配准问题，边缘图具有几个优点：①边缘信息稳定且可重复性高；②边缘通常在整个图像中分布均匀；③边缘响应舍弃了图像灰度的梯度方向，只保留其梯度幅度，从而保持了良好的不变性，对提取稳定的特征具有重要意义。在获取边缘图后，首先进行对比度增强和噪声去除等预处理。具体而言，首先对图像像素灰度进行直方图均衡，使其呈 $\mu_0 = 128, \sigma_0 = 48$ 的高斯分布，并使用非局部均值滤波器对所得的图像进行去噪。然后，使用 Sobel 滤波器计算对比度增强后图像的边缘响应。最后，使用 Reza（2004）提出的对比度限制自适应直方图均衡化（contrast limited adaptive histogram equalization，CLAHE）来增强边缘的对比度。在得到边缘图之后，使用 SIFT 特征提取方法来提取特征点及其相应的特征描述子来进行进一步的配准。

5.2.2　问题建模

通过分别对两个边缘图的特征提取，获得两个特征集，即模板特征集 $\{X, S_x\}$ 和目标特征集 $\{Y, S_y\}$，其中 $X = \{x_n\}_{n=1}^N$ 和 $Y = \{y_m\}_{m=1}^M$ 为二维列向量集，表示特征点的空间位置，$S_x = \{S(x_n)\}_{n=1}^N$ 和 $S_y = \{S(y_m)\}_{m=1}^M$ 是对应的特征描述符集。目标是在两个特征点集之间建立精确的对应关系，同时求出空间变换 T 来对齐两幅视网膜图像。

现有的基于概率的方法在处理点配准的问题时通常不考虑相关特征描述子。例如，这些算法将问题表述为密度混合估计，其中将一个 GMM 拟合到目标点 Y，使高斯混合密度分布的中心与变换后的模型点集 $T(x)$ 一致。具体来说，我们设置一组隐变量 $Z = \{z_m \in \mathrm{IN}_{N+1} : m \in \mathrm{IN}_M\}$，其中 IN_{N+1} 表示不超过 $N+1$ 的自然数，IN_M 表不超过 M 的自然数；$z_m = n\ (1 \leqslant n \leqslant N)$，表示将目标点 y_m 与 GMM 中心 $T(x_n)$ 对应，当 $z_m = N+1$ 时，将目标点 y_m 标注为离群点。于是，GMM 密度函数具有如下形式：

$$p(y_m) = \sum_{n=1}^{N+1} P(z_m = n) p(y_m | z_m = n)$$

设 π_{mn} 为 GMM 的隶属度，其满足约束 $\sum_{n=1}^N \pi_{mn} = 1, \forall m \in N_M$。假设 GMM 的所有分量具有各向同性协方差 $\sigma^2 I$，离群点呈均匀分布 $1/a$，则 GMM 具有以下形式：

$$p(y_m | \theta) = \gamma \frac{1}{a} + (1-\gamma) \sum_{n=1}^N \pi_{mm} N[y_m | T(x_n), \sigma^2 I] = \gamma \frac{1}{a} + (1-\gamma) \sum_{n=1}^N \frac{\pi_{mm}}{2\pi\sigma^2} e^{-\frac{\|y_m - T(x_n)\|^2}{2\sigma^2}}$$

（5.1）

式中：$\theta = \{T, \sigma^2, \gamma\}$ 是一组未知参数，$\gamma \in [0,1]$，这里表示离群点的百分比；γ 为混合系数；所有 GMM 分量都使用等隶属度 π_{mn}，即

$$\pi_{mn} = \frac{1}{n}, \forall m \in \mathrm{IN}_M, n \in \mathrm{IN}_N.$$

研究表明，局部特征描述子包含丰富信息，有助于建立更好的点对应。为了

充分利用这些信息，本书对原始基于 GMM 的配准模型在特征描述子的基础上进行推广。具体来说，与现有方法假定所有 GMM 分量具有等隶属度不同，依据特征描述子 S_x 和 S_y 来赋值。为此，首先利用描述子的相似度约束建立 S_x 和 S_y 之间的对应关系：对于 S_x 中的一个描述子，在欧氏距离意义下搜索 S_y 中的最近邻和第二近邻并计算其距离的比值，如果距离比值低于预定义的阈值 t，则形成一对匹配。如果 $S(x_n)$ 和 $S(y_m)$ 匹配，则赋值 $\pi_{mn} = \tau$，其中参数 τ（$0 \leqslant \tau \leqslant 1$）可以看成特征匹配的置信度。对于 $\{\pi_{mn}\}_{m=1,n=1}^{M,N}$ 的其余未匹配的元素，分别设置为 $(1-\tau)/(N-1)$ 或 $1/N$，使它们满足 $\forall m, \sum_{n=1}^{N} \pi_{mn} = 1$，且 $0 \leqslant \pi_{mn} \leqslant 1$ 的约束条件。那些值为 $1/N$ 的元素，意味着无法在 S_x 中找到与 $S(y_m)$ 匹配的描述子。将这个模型称为特征导引的 GMM。值得一提的是，这里形成的匹配通常只包含全部真实匹配中很小的一部分，并且还可能包含一些未知的错误匹配。

　　参数集 $\boldsymbol{\theta}$ 的求解可通过对式（5.1）的 MLE 来获取，其负对数似然函数如下：

$$L(\boldsymbol{\theta} \mid \boldsymbol{Y}) = -\sum_{m=1}^{M} \ln p(\boldsymbol{y}_m \mid \boldsymbol{\theta}) \tag{5.2}$$

这里进行了独立同分布的数据假设。两个特征点 $\{\boldsymbol{x}_n, S(\boldsymbol{x}_n)\}$ 和 $\{\boldsymbol{y}_m, S(\boldsymbol{y}_m)\}$ 之间对应的概率可定义为在给定目标点后 GMM 中心的后验概率：

$$p(z_m = n \mid \boldsymbol{y}_m) = \pi_{mm} p(\boldsymbol{y}_m \mid z_m = n) / p(\boldsymbol{y}_m)$$

变换 T 将由最小化式（5.2）的最优解 $\boldsymbol{\theta}^*$ 给出。

5.2.3　问题求解

　　混合模型的参数估计方法有 EM 算法、梯度下降法和变分推理法等。其中 Dempster 等（1977）提出的 EM 算法是一种存在隐变量情形下的学习和推理技术。该算法交替进行对应关系更新和参数更新。根据标准的 EM 算法推导并省略与 $\boldsymbol{\theta}$ 无关的项，考虑负对数似然函数即式（5.2），其完全数据对数似然具有如下形式：

$$\begin{aligned} Q(\boldsymbol{\theta}, \boldsymbol{\theta}^{\text{old}}) = {} & M_p \ln \sigma^2 - M_p \ln(1-\gamma) - (M - M_p) \ln \gamma \\ & + \frac{1}{2\sigma^2} \sum_{m=1}^{M} \sum_{n=1}^{N} p(z_m = n \mid \boldsymbol{y}_m, \boldsymbol{\theta}^{\text{old}}) \| \boldsymbol{y}_m - T(\boldsymbol{x}_n) \|^2 \end{aligned} \tag{5.3}$$

其中

$$M_p = \sum_{m=1}^{M} \sum_{n=1}^{N} p\left(z_m = n \mid \boldsymbol{y}_m, \boldsymbol{\theta}^{\text{old}}\right) \leqslant M$$

1. E 步

利用当前已有的参数 $\boldsymbol{\theta}^{\text{old}}$ 估计隐变量的后验分布，即 $p_{mn} = p\left(z_m = n \middle| y_m, \boldsymbol{\theta}^{\text{old}}\right)$。

由于基于描述子相似度约束获得了部分置信度高的特征匹配，采用 Nigam 等（2000）提出的半监督 EM 算法而非原始 EM 算法。具体来说，根据以下规则计算 p_{mn}。

（1）对于具有已知对应关系的目标特征点 $\{y_m\}$，将其作为引导 EM 迭代的锚点，以避免或减轻陷入局部极小的情况。因此，设定：

$$p_{mn} = \pi_{mn}, \quad 1 \leqslant n \leqslant N \tag{5.4}$$

（2）对于未知对应关系的目标特征点 $\{y_m\}$，应用贝叶斯规则计算其后验分布：

$$p_{mn} = \frac{p(y_m \mid z_m = n, \boldsymbol{\theta}^{\text{old}}) p(z_m = n \mid \boldsymbol{\theta}^{\text{old}})}{p(y_m \mid \boldsymbol{\theta}^{\text{old}})} = \frac{\pi_{mn} e^{\frac{\|y_m - T(x_n)\|^2}{2\sigma^2}}}{\sum\limits_{k=1}^{N} \pi_{mk} e^{\frac{\|y_m - T(x_n)\|^2}{2\sigma^2}} + \frac{2\gamma\pi\sigma^2}{(1-\gamma)a}}, 1 \leqslant n \leqslant N$$

（5.5）

后验分布 p_{mn} 实质上是一种软指派，它表示目标特征点 $\{y_m, S(y_m)\}$ 与模板特征点 $\{x_n, S(x_n)\}$ 在当前参数 $\boldsymbol{\theta}^{\text{old}}$ 下的匹配一致性程度。

2. M 步

通过最大化似然函数进行参数更新：

$$\boldsymbol{\theta}^{\text{new}} = \text{argmax}_{\boldsymbol{\theta}} Q(\boldsymbol{\theta}, \boldsymbol{\theta}^{\text{old}})$$

对 $Q(\boldsymbol{\theta})$ 相对于 γ 和 σ^2 求导并将它们设为 0，可得

$$\gamma = 1 - M_p / M \tag{5.6}$$

$$\sigma^2 = \frac{\sum\limits_{m=1}^{M} \sum\limits_{n=1}^{N} p_{mn} \| y_m - T(x_n) \|^2}{2M_p} \tag{5.7}$$

关于 T 最大化 $Q(\boldsymbol{\theta})$ 是一个较为复杂的过程，将在 5.2.4 和 5.2.5 节中进行具体讨论。

当 EM 迭代收敛后，得到空间变换 T，然后将变换后的模板图像叠加到目标图像上生成镶嵌图像。另外，特征匹配可以根据后验分布 $\{p_{mn}\}_{m=1,n=1}^{M,N}$ 来计算。然而，由于初始构建的特征匹配可能包含误匹配，后验分布 p_{mn} 会受到离群点的影响。为了解决此问题，使用式（5.5）而非式（5.4）最后一次更新具有已知对应关系的 p_{mn}。然后，这里用 η 预定义的阈值，得到匹配集 I，IN_M 表示不超过 m 的自然的 IN_N 表示不超过 N 的自然级：

$$I = \{(m,n): p_{mn} > \eta, m \in \mathrm{IN}_M, n \in \mathrm{IN}_N\} \qquad (5.8)$$

5.2.4　局部几何约束

目标函数式（5.3）通过最小化加权经验误差

$$Q(T) = \frac{1}{2\sigma^2} \sum_{m=1}^{M} \sum_{n=1}^{N} p_{mn} \| \boldsymbol{y}_m - \mathrm{T}(\boldsymbol{x}_n) \|^2$$

来求解空间变换 T。该优化问题是非适定的，因为特征匹配通常会受到噪声和离群点的影响，而且在非刚性形变的情况下，T 的解不具有唯一性。注意到对于视网膜图像中的特征点，它们往往位于一个半球面上，而这个半球面在原始三维空间中实质上是一个二维流形。当它们被投影到二维图像空间时，其相邻特征点之间的局部几何约束（如局部拓扑关系）会得到很好的保持。这种局部几何约束起着正则化的作用，有利于空间变换的稳定求解。

为了使用这种局部几何约束正则化目标函数，利用一种基于局部线性嵌入（local linear embedding，LLE）的简单而有效的方法对约束进行建模。该方法是一种非线性降维方法，用于在低维流形中保持局部邻域结构。首先，搜索 X 中每个点的 K 个近邻点。令 W 表示一个 $N \times N$ 的权值矩阵，若 $\boldsymbol{x}_j$ 不属于 $\boldsymbol{x}_i$ 的邻域，则令 $W_{ij} = 0$。然后，在权值矩阵的行和为 1 的约束条件下，即 $\forall i, \sum_{j=1}^{N} W_{ij} = 1$，用如下代价函数最小化重建误差：

$$\varepsilon(\boldsymbol{W}) = \sum_{i=1}^{N} \left\| \boldsymbol{x}_i - \sum_{j=1}^{N} W_{ij} \boldsymbol{x}_j \right\|^2 \qquad (5.9)$$

通过求解最小二乘（least squares，LS）问题，可以得到最优权值 W_{ij}。最后，通过最小化形变代价 $\sum_{i=1}^{N} \left\| T(\boldsymbol{x}_i) - \sum_{j=1}^{N} \boldsymbol{W} T(\boldsymbol{x}_j) \right\|^2$，以保持变换后各模板点的局部几何形状。将其与 $Q(T)$ 相结合，得到如下最小化问题：

$$\Psi(T) = \frac{1}{2\sigma^2} \sum_{m=1}^{M} \sum_{n=1}^{N} p_{mn} \| \boldsymbol{y}_m - T(\boldsymbol{x}_n) \|^2 + \lambda \sum_{i=1}^{N} \left\| T(\boldsymbol{x}_i) - \sum_{j=1}^{N} W_{ij} T(\boldsymbol{x}_j) \right\|^2 \qquad (5.10)$$

它由经验误差项和正则化形变代价项组成，参数 $\lambda > 0$，控制它们之间的权衡。

5.2.5　几何形变估计

接下来考虑空间变换 T 的建模。通常，真实的变换是非刚性的，因为视网膜

的表面近似为球形。将变换 T 定义为 $T(\boldsymbol{x}) = \boldsymbol{x} + \boldsymbol{f}(\boldsymbol{x})$，其中 $\boldsymbol{x}$ 表示初始位置，f 为位移函数。在 RKHS($\boldsymbol{H}$)中对 f 进行建模，用矩阵核 $\boldsymbol{\Gamma}: \mathbf{R}^2 \times \mathbf{R}^2 \to \mathbf{R}^{2\times2}$ 定义 H，并采用对角高斯核 $\boldsymbol{\Gamma}(\boldsymbol{x}_i, \boldsymbol{x}_j) = \kappa(\boldsymbol{x}_i, \boldsymbol{x}_j) \cdot \boldsymbol{I} = \mathrm{e}^{-\beta\|\boldsymbol{x}_i - \boldsymbol{x}_j\|^2} \cdot \boldsymbol{I}$。由此，可以推导出以下定理。

定理 5.1　目标函数式（5.10）的最优解为

$$T(\boldsymbol{x}) = \boldsymbol{x} + \boldsymbol{f}(\boldsymbol{x}) = \boldsymbol{x} + \sum_{n=1}^{N} \boldsymbol{\Gamma}(\boldsymbol{x}, \boldsymbol{x}_n)\boldsymbol{c}_n \tag{5.11}$$

系数集 $\{\boldsymbol{c}_n : n \in \mathrm{IN}_N\}$ 由如下线性系统确定：

$$[\mathrm{d}(\boldsymbol{P}^{\mathrm{T}}\mathbf{l}) + 2\lambda\sigma^2\boldsymbol{Q}]\boldsymbol{\Gamma}\boldsymbol{C} = \boldsymbol{P}^{\mathrm{T}}\boldsymbol{Y} - [\mathrm{d}(\boldsymbol{P}^{\mathrm{T}}\mathbf{l}) + 2\lambda\sigma^2\boldsymbol{Q}]\boldsymbol{X} \tag{5.12}$$

式中，$\boldsymbol{X} = (x_1, x_2, \cdots, x_N)^{\mathrm{T}}$；$\boldsymbol{Y} = (y_1, y_2, \cdots, y_M)^{\mathrm{T}}$；$\boldsymbol{C} = (c_1, c_2, \cdots, c_N)^{\mathrm{T}}$；$\boldsymbol{P} \in \mathbf{R}^{M\times N}$ 且 $P_{mn} = p_{mn}$；$\boldsymbol{\Gamma} \in \mathbf{R}^{M\times N}$ 即格拉姆矩阵，其中 $\Gamma_{ij} = \kappa(\boldsymbol{x}_i, \boldsymbol{x}_j) = \mathrm{e}^{-\beta\|\boldsymbol{x}_i = \boldsymbol{x}_j\|^2}$，$\mathbf{1}$ 为全 $\mathbf{I}$ 矩阵。

相关证明请参阅 Ma 等（2015，2016b）的点集配准方法。

快速算法：对于非刚性模型，至少需要 $O(n^3)$ 的计算复杂度来求解线性系统式（5.12）。当 n 非常大时，这种复杂度在实际问题中是难以接受的。为了降低复杂度，本书提出一种稀疏近似的计算策略。具体而言，随机选择输入点集的一个数量为 L 的子集 $\{\tilde{\boldsymbol{x}}_l\}_{l=1}^L$，并使它们的系数在解的展开式 [式（5.11）] 中非零。研究表明，采用这种策略能够获得很好的近似精度。因此，求解如下形式的近似解：

$$f(\boldsymbol{x}) = \sum_{l=1}^{L} \boldsymbol{\Gamma}(\boldsymbol{x}, \tilde{\boldsymbol{x}}_l)\boldsymbol{c}_l \tag{5.13}$$

所选择的点集 $\{\tilde{\boldsymbol{x}}_l\}_{l=1}^L$ 在某种程度上类似于控制点。通过使用稀疏近似，线性系统式（5.12）变为

$$\boldsymbol{E}^{\mathrm{T}}[\mathrm{d}(\boldsymbol{P}^{\mathrm{T}}\mathbf{l}) + 2\lambda\sigma^2\boldsymbol{Q}]\boldsymbol{E}\boldsymbol{C}^{\mathrm{s}} = \boldsymbol{E}^{\mathrm{T}}\boldsymbol{P}^{\mathrm{T}}\boldsymbol{Y} - \boldsymbol{E}^{\mathrm{T}}[\mathrm{d}(\boldsymbol{P}^{\mathrm{T}}\mathbf{l}) + 2\lambda\sigma^2\boldsymbol{Q}]\boldsymbol{X} \tag{5.14}$$

式中，系数矩阵 $\boldsymbol{C}^{\mathrm{s}} = (c_1, c_2, \cdots, c_L)^{\mathrm{T}} \in \mathrm{IR}^{L\times2}$；$\boldsymbol{E} \in \mathrm{IR}^{N\times L}$ 且 $E_{ij} = \kappa(\boldsymbol{x}_i, \tilde{\boldsymbol{x}}_j) = \mathrm{e}^{-\beta\|\boldsymbol{x}_i - \boldsymbol{x}_j\|^2}$。

算法 5.1　提出的配准算法

输入　视网膜图像对，参数 t、τ、K、λ、η、β、L

输出　对应集 $\mathscr{T}$，空间变换 T

构造视网膜图像对的边缘图。

利用 SIFT 提取两个特征集：$\{X, S_x\}$，$\{Y, S_y\}$。

使用描述子相似性约束和距离比值阈值 t 匹配两个特征集。

对 GMM 分量隶属度进行赋值 π_{mn}。

初始化 $C = 0$。

利用核函数 Γ 的定义构造矩阵 Γ 或 E。

设定 a 为图像的面积。

初始化 $\gamma, p_{mn} = \pi_{mn}, \sigma^2$ ［使用式（5.7）］；

为 X 中的每个点搜索 K 近邻。

通过最小化代价函数式（5.9）计算 W。

迭代

　　E 步：

　　　　通过式（5.4）和式（5.5）更新 p_{mn}。

　　M 步：

　　　　基于线性系统式（5.12）或式（5.14）更新 C；

　　　　通过式（5.7）和式（5.6）更新 σ^2 与 γ。

直到 Q 收敛。

对应集 I 由式（5.8）确定。

通过估计的参数获得变换 T。

5.2.6　算法复杂度分析

为了搜索 X 中每个点的 K 近邻，通过使用 k-d（k-dimensionaltree）树，时间复杂度接近于 $O((K+N)\log N)$。根据式（5.9），由于 W 的每一行可以用 $O(K^3)$ 的时间复杂度分别求解，因此获得权值矩阵 W 的时间复杂度为 $O(K^3 N)$。求解线性系统式（5.12）的时间复杂度是 $O(KN + MN + N^3)$。因此，总复杂度可写为 $O(K^3 N + MN + N^3)$。由于存储格拉姆矩阵 Γ、权值矩阵 W 和后验分布矩阵 P 的需求，空间复杂度可写成 $O(KN + MN + N^2)$。通过使用稀疏近似，求解线性系统式（5.14）的时间复杂度降低到 $O(L^3 + L^2 N + LMN + KN)$。因此，总时间复杂度为 $O(L^3 + L^2 N + LMN + K^3 N + N\log N)$。由于存储 P、E 和 W 的内存需求，空间复杂度降低到 $O(MN + KN + LN)$。

通常，有 $M \approx N$ 和 $M, N \geq L, K$。因此，原始算法和快速算法的时间复杂度可以分别简化为 $O(K^2 N + N^3)$ 和 $O(K^3 N + LN^2)$，而空间复杂度均可以简化为 $O(N^2)$。可以看出，快速算法可将时间复杂度从三次减少到二次，这对于求解大规模问题是非常重要的。

5.2.7　算法参数说明

图像匹配的性能往往受特征点的坐标系影响,采用数据归一化来解决该问题。具体来说,对特征点位置坐标进行线性变换,使两个特征点集的空间位置均具有零均值和单位方差。式(5.1)中均匀分布的参数是一个常数,表示视网膜图像的面积(即 y_m 的范围),将其设定为数据归一化后对应的面积。

参数设置: 本章所提方法共有八个参数: t、τ、K、λ、η、γ、β 和 L。参数 t 是建立初始 SIFT 特征匹配的距离比值阈值。t 值越大,匹配数量越大,同时也会降低匹配的可靠性。这里依据原始论文使用默认值,即可获得满意的匹配。参数 τ 用于对隶属度 π_{mn} 赋值,表示初始匹配的置信度。通常,由于已知的匹配关系用于导引其他特征匹配,应该具有较高置信度,将其设置为接近 1 的值。参数 K 控制局部几何约束中线性重构的近邻数量,而参数 λ 控制局部几何约束对变换 T 的影响,依据 Ma 等(2015d)的文献设置这两个参数。参数 η 是一个阈值,用于判定匹配关系的正确性。此外,式(5.8)中的后验概率 p_{mn} 在 EM 算法收敛后接近 0 或 1,因此 η 可以灵活设置。参数 γ 反映初始点集中内点的比例,γ 的设置并不是非常重要,因为它在 EM 算法过程中会自适应更新。参数 β 和 L 用于变换函数的建模,其中前者决定特征点之间交互作用的范围,而后者是稀疏近似所需控制点的数目。这两个参数的设置取决于图像变换的复杂性,如果图像对涉及较大程度的局部变形,应适当增大它们的值。在几个典型的图像对上进行调参,然后在其余实验中固定它们的值,即 $t=0.8$,$\tau=0.9$,$K=15$,$\lambda=1000$,$\eta=0.5$,$\gamma=0.9$,$\beta=0.1$,$L=15$。

5.3　实验结果及分析

对三种类型的数据进行实验来评估所提方法的性能:不同模态、部分重叠、不同模态与部分重叠。第一种情况通常出现在多模态配准问题中,其中图像的灰度分布具有较大差异,但空间位置只涉及小的偏移。第二种情况出现在不同视角或时间获取图像的配准问题中,即待配准的两幅视网膜图像往往部分重叠,但具有相似的灰度分布。此外,为了使数据集更具挑战性,还对具有部分重叠的多模态视网膜图像对进行了实验。实验环境是一台带有 2.5 GHz 英特尔酷睿 CPU、8 GB 内存和 MATLAB 代码的计算机。使用所提方法的快速算法进行验证,并选择了五种最先进的匹配/配准方法进行定量对比,即 RANSAC 算法、VFC 算法、CPD 算法、Yang 等(2015)的 GLMDTPS(global and local mixture distance thin plate spline)算法和 GAIM(graph-based are invariant matching)算法。对于 RANSAC 算法,Collins 等(2014)的将二次型作为其参数模型。二次型的定义如下:

$$\boldsymbol{y} = \boldsymbol{\Theta}\overline{\boldsymbol{x}} \qquad\qquad (5.15)$$

其中，$\overline{\boldsymbol{x}} = (1, x_1, x_2, x_1 x_2, x_1^2, x_2^2)^T$，$\boldsymbol{y} = (y_1, y_2)^T$，$\boldsymbol{\Theta} = \begin{bmatrix} \theta_{11} & \theta_{12} & \theta_{13} & \theta_{14} & \theta_{15} & \theta_{16} \\ \theta_{21} & \theta_{22} & \theta_{23} & \theta_{24} & \theta_{25} & \theta_{26} \end{bmatrix}$。
这里，$(x_1、x_2)$ 和 $(y_1、y_2)$ 分别代表两幅图像中特征点的坐标。

5.3.1　数据集和评估标准

选择两组不同模态的视网膜图像进行实验验证，其分辨率范围为 640 像素×480 像素～1280 像素×960 像素。从这两组图像中构造了上述三种类型的图像对。对于每种类型，构建 200 个图像对用于定量评估。此外，为了使部分重叠图像对更具挑战性，确保大约四分之一的测试数据重叠率小于 50%。

由于缺乏包含地真匹配信息的视网膜图像公共数据集，需要定义一个合理的标准来衡量配准结果的性能。对于基于特征的配准算法，特征匹配可作为副产品获得。因此，正确匹配的数量和匹配精度可用于间接表征配准的性能，其中匹配精度定义为保留的正确匹配数与总保留的匹配数之间的比率。在试验中，通过人工确认匹配的正确性来建立地真信息。虽然这个过程中正确匹配或错误匹配的判断具有不确定性，但事先多人共同标注建立地真以确保客观性。

此外，还使用一种直接的策略表征配准性能。首先，人工构建地真信息并通过四个步骤计算特征匹配位置的偏差：①从每对视网膜图像中手动提取至少六个精确点对；②使用最小二乘在手动提取的点对上拟合一个二次型；③利用式（5.15）中的二次型将模板图像中的特征点进行变换；④计算变换后的特征点与目标图像中的相应特征点之间的欧氏距离。然后，根据获得的距离计算中值误差（median error，MEE）和最大误差（maximum error，MAE）。最后，为了表征性能，将配准结果分为三组，即不正确（MAE＞10 像素）、不准确（MAE≤10 像素和 MEE＞1.5 像素）与可接受（MAE≤10 像素和 MEE≤1.5 像素）。

5.3.2　多模态图像的结果

本节对具有不同模态的视网膜图像对进行实验。首先在两个典型的图像对上给出所提方法的直观结果，如图 5.1 所示。图 5.1 中每三行为一组实验，对于每组实验，第一行为原始视网膜图像对及其对应的边缘图。从中可以看到，视网膜对中的一些组织，尤其是血管和视神经盘，具有非常不同的灰度信息，但它们相应的边缘响应却非常相似。因此，通过对其边缘图提取 SIFT 特征进行匹配来配准多模态视网膜图像是合理的。第三行是所提方法的配准结果，包括 SIFT 匹配结果、变换后的模板图像，以及变换后的模板和原始目标图像形成的棋盘格图像。实验结果表明，所提方法能够产生大量正确的特征匹配，即便在图像质量较低的情况下，如第二对图像中的极端噪声和病理导致的图像退化，其配准效果也是相当理

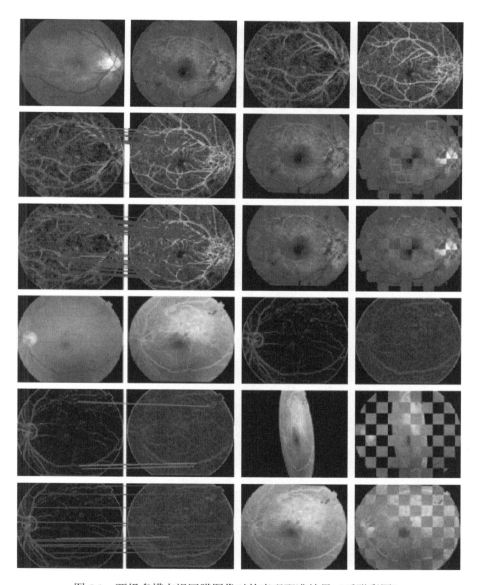

图 5.1　两组多模态视网膜图像对的直观配准结果（后附彩图）

每组实验由三行组成：第一行是目标图像、模板图像及其对应的边缘图；其余两行是 RANSAC 算法和所提方法的结果、包括特征匹配结果、变换后的模板图像，以及变换后的模板和原始目标图像形成的棋盘格图像。注意蓝线表示正确保留的匹配，红线表示错误保留的匹配

想的。从棋盘格图像可以看出，不同图像上的血管纹理是连续的且完美地拼接在了一起。为了提供性能对比，还呈现了 RANSAC 算法的结果，如每组实验的第二行所示。可以看到，所识别的特征匹配数量要少得多，大大降低配准性能，这可以从红框中不同图像的不连续血管纹理看出。此外，RANSAC 算法的特征匹配过程在第二对图像中完全失败，因为极端噪声导致很少的真实匹配和高比率的离群点。

　　下面进一步给出所提方法和对比算法在整个数据集上的统计结果，如图 5.2 所示。正确匹配数量和匹配精度的累积分布显示在图5.2（a）、（b）中，其中还给出了六种方法的平均正确匹配数量和匹配精度。图 5.2（c）中的数字显示了成功率。显然，本书所提方法能够在所有三种评估标准下产生最佳结果。具体地说，

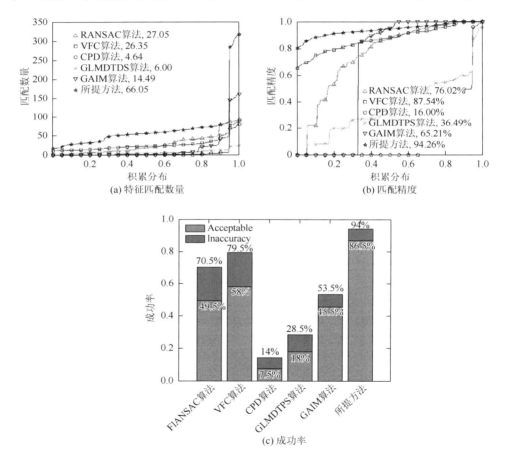

图 5.2　RANSAC 算法、VFC 算法、CPD 算法、GLMDTPS 算法、GAIM 算法和所提方法在包含 200 个图像对的多模态视网膜图像数据集上特征匹配数量、匹配精度和成功率的定量比较

对于左边的两幅图，曲线上坐标为 (x, y) 的点表示有 $100 \times x\%$ 的图像对，其匹配数量或匹配精度不超过 y

所提方法的正确匹配数量曲线始终高于其他所有方法的曲线，所提方法产生的平均正确匹配数量约为 RANSAC 算法、VFC 算法和 GAIM 算法的 2～3 倍。充足的正确匹配保证了变换估计的准确性。VFC 算法具有稳定的性能，并且比 RANSAC 算法评估标准的平均值略好。GAIM 算法在一些图像对上具有较高的匹配精度，但它仅识别了这些图像对中的少量正确匹配，从而造成配准性能差，如图 5.2（c）中的低成功率所示。注意到 CPD 算法和 GLMDTPS 算法在大多数图像对上完全失败，这是因为它们忽略了特征描述子信息，因此在多模态视网膜图像配准中经常引发大量错误匹配的情况下算法性能会严重降级。这也证明了在本章模型中加入局部图像特征的合理性。

　　表 5.1 给出了六种算法对测试数据的平均运行时间，其中排除了所有方法的 SIFT 特征提取耗时。从表 5.1 看到 VFC 算法的速度最快，与其他五种算法相比，它的运行时间要少得多。然而，本书所提方法的性能依然可以接受，运行时间与 RANSAC 算法和 GLMDTPS 算法相仿。请注意，CPD 算法和 GAIM 算法效率不高是因为 CPD 算法需要大量迭代才能在数据严重退化的情况下收敛，而 GAIM 算法使用多个步骤来优化关键点提取和消除误匹配。此外，作者还测试了所提方法不采用稀疏近似的版本，获得了几乎相同的匹配数量和匹配精度曲线。但是，平均运行时间约为 66.28 s。

表 5.1　RANSAC 算法、VFC 算法、CPD 算法、GLMDTPS 算法、GAIM 算法和所提方法在包含 200 个图像对的多模态视网膜图像数据集上的平均运行时间　单位：s

算法	RANSAC 算法	VFC 算法	CPD 算法	GLMDTPS 算法	GAIM 算法	所提方法
时间	0.4943	**0.0811**	5.1221	0.9521	18.1245	1.5721

注：粗体表示最佳结果。

5.3.3　部分重叠图像的配准结果

　　接下来，对具有部分重叠的视网膜图像对进行试验。由于眼球的表面不是平面，从不同视点拍摄的这种图像对之间的空间变换通常不是线性的（如刚性或仿射），特别是在视点变化大的情况下。因此，非刚性模型是产生精准匹配的更合适的选择。

　　同样，首先给出了所提方法在两个典型图像对上的定性结果，并使用 RANSAC 算法进行比较，如图 5.3 所示。显然，所提方法能够产生大量的正确匹配，并且图像对已经达到精确对齐，这可以从棋盘格图像中的连续血管纹理看出。相比之下，RANSAC 算法再次无法得到令人满意的结果，在突出显示的红色框中，血管纹理未正确对齐。这是因为 RANSAC 算法仅保留了少量的特征匹配，并且它使用的仿射模型不能很好地逼近真正的非刚性变换。值得一提的是，对于部分重叠图像的配准问题，边缘图的提取不是必须的，因为这些图像通常具有相同的模态。尽管如此，仍然采用边缘图以保持实验设置的一致性。

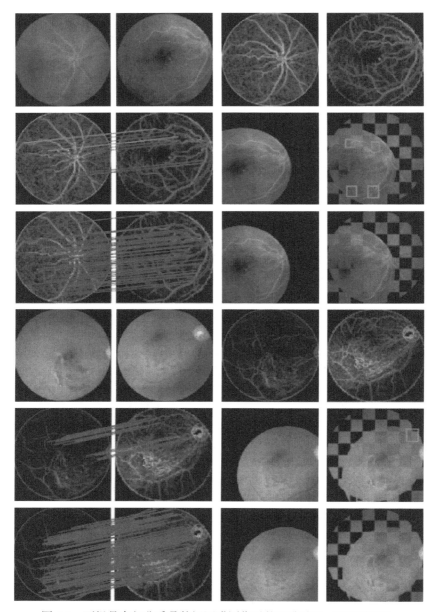

图 5.3　两组具有部分重叠的视网膜图像对的配准结果（后附彩图）

每组实验由三行组成：第一行是目标图像、模板图像及其对应的边缘图；其余两行是 RANSAC 算法和所提方法的结果，包括特征匹配结果、变换后的模板图像，以及变换后的模板和原始目标图像形成的棋盘格图像。注意蓝线表示正确保留的匹配，而红线表示错误保留的匹配下面，给出在整个数据集上所提方法和五种对比算法的统计结果，包括特征匹配数量、匹配精度和成功率，如图 5.4 所示。所得结果类似于多模态配准的情形，其中所提方法的正确匹配数量和匹配精度的曲线几乎始终高于其他所有方法的曲线。与多模态图像相比，GAIM 算法对部分重叠图像的匹配性能要好得多，它既可以获得良好的匹配精度，又能得到满意的匹配数量。在图 5.4（c）中，所提方法的成功率最高，比 GIAM 算法稍高一些。CPD 算法和 GLMDTPS 算法同样无法获得令人满意的结果，因为它们忽略了丰富的描述子信息。注意，尽管在多模态数据集中图像重叠要大得多，但本数据集上的匹配性能优于多模态数据集上的匹配性能，如图 5.2 所示。这是因为多模态图像的灰度差别很大；即使它们被转换为边缘图，边缘分布和幅值仍然非常不同，导致很少的特征匹配。此外，

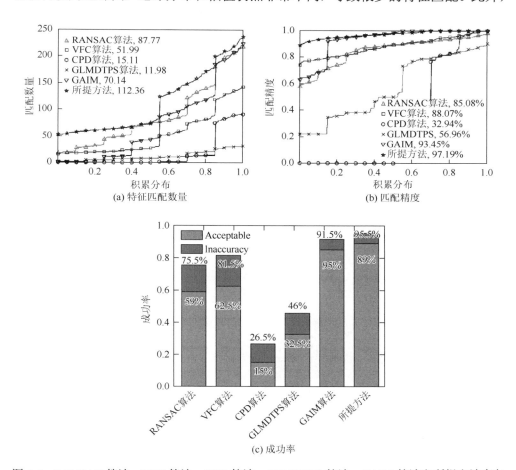

(a) 特征匹配数量

(b) 匹配精度

(c) 成功率

图 5.4　RANSAC 算法、VFC 算法、CPD 算法、GLMDTPS 算法、GAIM 算法和所提方法在包含 200 个部分重叠的视网膜图像对的数据集上特征匹配数量、匹配精度和成功率的定量比较

测试的多模态图像还涉及强噪声，这进一步减少了匹配的数量。最后，我们提供了六种算法在该测试数据上的平均运行时间（不包括 SIFT 特征提取的时间），如表 5.2 所示。同样，与多模态数据集上的结果类似。

表 5.2　RANSAC 算法、VFC 算法、CPD 算法、GLMDTPS 算法、GAIM 算法和所提方法在
包含 200 个部分重叠的视网膜图像对的数据集上的平均运行时间　单位：s

算法	RANSAC 算法	VFC 算法	CPD 算法	GLMDTPS 算法	GAIM 算法	所提方法
时间	0.3994	**0.0855**	5.6211	1.1356	17.9561	1.2324

注：粗体表示最佳结果。

5.3.4　部分重叠的多模态视网膜图像对的配准结果

现在，在一个更具挑战性的数据集上进行实验，即具有部分重叠的多模态视网膜图像对。同样，首先对两个典型的图像对给出一些直观的结果，并使用 RANSAC 算法进行对比，如图 5.5 所示。为了使测试数据更具挑战性，选择了两个重叠率均小于 50% 的多模态图像对。与往常一样，可以看到所提方法仍可产生令人满意的对齐结果。这表明本书提出的方法无论是多模配准、空间配准还是时间配准，都能很好地处理视网膜图像配准问题。

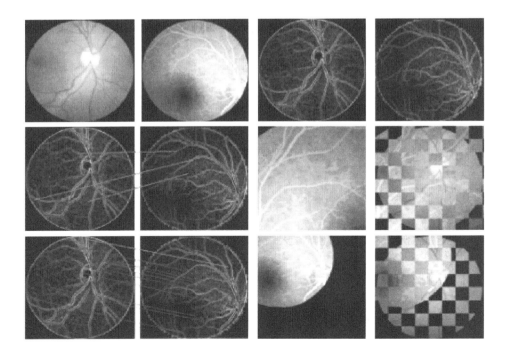

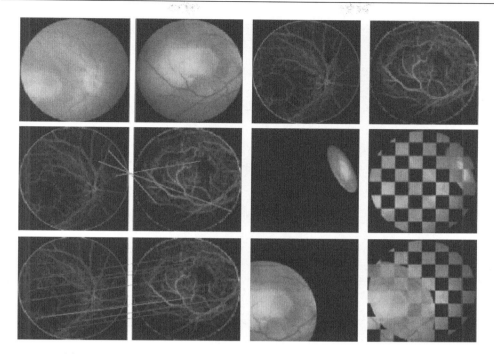

图 5.5　两组部分重叠的多模态视网膜图像对的配准结果（后附彩图）

每组实验由三行组成：第一行是目标图像、模板图像及其相应的边缘图；其余两行是 RANSAC 算法和所提方法的结果，包括特征匹配结果、变换后的模板图像，以及变换后的模板和原始目标图像形成的棋盘格图像。注意蓝线表示正确的保留匹配，而红线表示错误保留匹配

所提方法和五种对比算法在整个数据集上的统计结果如图 5.6 所示，包含特征匹配数量曲线、匹配精度曲线和成功率。从结果可以看出，所提方法的结果明显是最好的。与图 5.2 和 5.4 中的算法相比，所有六种算法的评价标准都有所下降。这并不奇怪，因为测试数据同时受到多模态和部分重叠的影响，这将进一步减少真实特征匹配的数量。在大多数图像对中，识别出的匹配太少，并且也可能受到

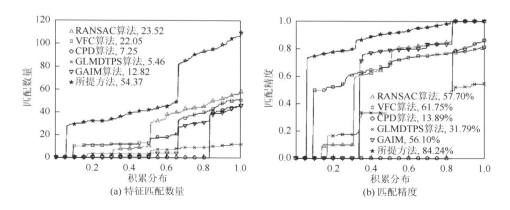

(a) 特征匹配数量　　　　　　　　　　　　　(b) 匹配精度

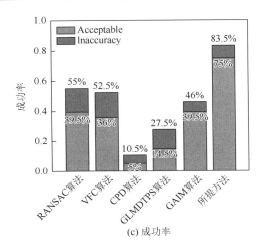

(c) 成功率

图 5.6　RANSAC 算法、VFC 算法、CPD 算法、GLMDTPS 算法、GAIM 算法和所提方法在包含 200 对部分重叠的多模态视网膜图像对的测试数据上特征匹配数量、匹配精度和成功率的定量比较

离群点的干扰，因此变换估计将严重退化。表 5.3 显示了六种算法的平均运行时间（不包括对测试数据进行 SIFT 特征提取的时间）。

表 5.3　RANSAC 算法、VFC 算法、CPD 算法、GLMDTPS 算法、GAIM 算法和所提方法在
包含 200 个部分重叠的多模态视网膜图像对的数据集上的平均运行时间　　单位：s

算法	RANSAC 算法	VFC 算法	CPD 算法	GLMDTPS 算法	GAIM 算法	所提方法
时间	0.4577	**0.0827**	5.3324	1.0281	17.5844	1.2122

注：粗体表示最佳结果。

　　本章提出了一种基于特征导引的 GMM 和局部几何约束的视网膜图像非刚性配准新方法。特征引导的 GMM 使我们能够将局部图像特征加入广泛使用的 GMM 配准框架中，而局部几何约束使非刚性变换的估计正则化，从而得到有意义的解。将边缘图作为各种视网膜图像的统一表征，克服了多模态图像之间的像素灰度变化。选择半监督 EM 算法作为优化算法，它迭代地估计特征匹配和空间变换，其中它将预先获得的一组置信度高的特征匹配作为锚点以避免或减轻陷入局部极小值的情况。本书还提供了算法的快速实现，从而将时间复杂度从三次减到二次。在三种不同类型的视网膜数据集上的实验表明，所提方法在多模态、空间和时间配准方面优于其他最先进的方法，特别是在数据受强噪声或低重叠等因素影响严重退化的情况下。

第6章　基于稀疏点集与稠密流的匹配算法

6.1　概　　述

本章针对像素级的图像配准问题进行研究。基于非刚性的图像配准技术具有广泛的用途，且具有相当大的难度。例如，对于遥感图像，其通常包含由地面起伏变化和成像视点变化引起的局部变形，而这些变化并不能通过一个简单的刚性模型实现"精确匹配"。在本章中，专注于使用非刚性模型来实现遥感图像的精确配准。

早期广泛使用的非刚性图像配准算法是光流算法。它通过直接最小化像素间的差异来计算稠密的对应场，因此更适用于相似度高的图像，如视频序列中的两个相邻帧。光流算法中的典型假设包括亮度恒定性和像素位移场的分段平滑性。受光照变化、透视和噪声的影响，对于配准来说像素值不可靠。Liu 等（2011）提出了一种 SIFT 流算法，用于实现具有高度差异的场景之间的非刚性配准，即语义级的配准。与光流算法匹配像素的亮度不同，SIFT 流算法在两幅图像之间匹配稠密采样的 SIFT 特征。SIFT 流算法在复杂场景图像上得到的像素稠密对应结果令人印象深刻。然而，在旋转和尺度变化显著时，算法的鲁棒性较差。

由于稀疏特征匹配方法对旋转和尺度变化更加鲁棒，而逐像素匹配方法对非刚性变形更加鲁棒，本书提出一种基于稀疏和稠密采样特征的匹配方法来实现遥感图像精确配准。所提方法中包含两个耦合变量：非刚性几何变换和离散的稠密流场。前者对应于稀疏特征匹配，通过引入一个局部线性约束对变换进行正则化来求解。后者对应于稠密像素匹配，提出一种类似 SIFT 流算法的模型，并采用 Felzenszwalb 等（2006）提出的置信传播算法进行优化求解。理想情况下，这两个变量是等价的，可以假设在一个变量已知的情况下对另一个变量进行求解。

本章的贡献主要体现在两个方面：①提出了一种基于稀疏点集和稠密流的图像匹配方法，实现在非刚性变换下的遥感图像精确配准；②该算法在图像质量严重退化的情况下仍具有较好的配准效果，其性能优于当前处于领先水平的方法。

6.2　基于局部线性约束的稀疏点集匹配

建立稀疏特征对应的第一步是使用 SIFT 等特征检测方法从图像中提取一组

假定对应集 $S = \{x_n, y_n\}_{n=1}^N$，其中 x_n 和 y_n 表征两幅图像中特征点空间位置的二维列向量，N 是假定对应的数量。对应集 S 通常包含大量的错误匹配，且正确匹配服从给定图像之间的几何变换 T，即如果 (x_n, y_n) 是正确匹配，则满足 $y_n = T(x_n)$。因此，需要第二步来消除错误匹配，实现对几何变换 T 的鲁棒估计。

将几何变换 T 定义为初始位置加上位移函数 v，即 $T(x) = x + v(x)$，其中 v 在特定的泛函空间 H 内来建模，即向量值 RKHS（与特定核函数相关联）。用矩阵值核 Γ 定义 $\mathscr{H}$: $\mathbf{R}^2 \times \mathbf{R}^2 \to \mathscr{R}^{2 \times 2}$，并选择对角高斯核

$$\Gamma(x_i, x_j) = \kappa(x_i, x_j) \cdot I = \mathrm{e}^{-\beta \|x_i - x_j\|^2} \cdot I$$

I 为单位阵，β 表示样本之间相互作用范围的宽度（即邻域大小）。因此，变换 T 具有以下形式：

$$T(x) = x + v(x) = x + \sum_{n=1}^N \Gamma(x, x_n) c_n \tag{6.1}$$

系数 c_n 是一个 2×1 维的向量（待求解）。

由于对应集 S 中含有误匹配，引入软指派和确定性退火技术来求解几何变换 T。采用由对角线元素 $\{p_n\}$ 组成的对角矩阵 P 表征匹配置信度，软指派允许 $p_n \in [0,1]$，其中 $p_n = 1$ 表示 (x_n, y_n) 是正确匹配，$p_n = 0$ 表示 (x_n, y_n) 是错误匹配。确定性退火引入了附加温度参数 t 以指定匹配置信矩阵的模糊度，通过添加一个熵项 $t \sum_n p_n \log p_n$ 来实现。因此，考虑以下能量函数：

$$E(P, T) = \sum_{n=1}^N p_n \| y_n - T(x_n) \|^2 - \eta \sum_{n=1}^N p_n + t \sum_{n=1}^N p_n \log p_n \tag{6.2}$$

其中第二项用于阻止误匹配的数目过大。

几何变换表征图像对之间的全局几何关系，有利于在匹配过程中保持点对应的整体空间连通性。但是，遥感图像对的局部区域点对应的差异通常较小，因此相邻特征点之间的局部邻域结构比较稳定。另外，因为非刚性变换的解不唯一，所以能量函数的表达式（6.2）对于非刚性变换无法求解。因此，为了保证问题的适定性，在点对应上施加一个局部几何约束。

为了解决这个问题，本章引入了局部线性约束来保留特征点集中的局部结构。第一，在 X 中搜索每个点的 K 个近邻，W 用 $N \times N$ 权重矩阵表示，如果 x_j 不属于 x_i 的邻域集，则令 $W_{ij} = 0$。第二，在权重矩阵的行总和为 1 的约束条件下，即 $\forall i, \sum_{j=1}^N W_{ij} = 1$，最小化由代价函数 $E(W) = \sum_{n=1}^N \| x_i - \sum_{j=1}^N W_{ij} x_j \|^2$ 表征的重构误差。最佳权重 W_{ij} 可通过求解一个 LS 问题来获取。第三，通过最小化变换代价项

$\sum_{i=1}^{N} p_i \| T(x_i) - \sum_{j=1}^{N} W_{ij} T(x_j) \|^2$ 来保留非刚性变换之后每个正确匹配的局部几何形状。结合式（6.2）可以得到一个新的能量函数，具体如下：

$$\varepsilon(\boldsymbol{P},T) = \sum_{n=1}^{N} p_n \| y_n - T(x_n) \|^2 - \eta \sum_{n=1}^{N} p_n + t \sum_{n=1}^{N} p_n \log p_n + \lambda \sum_{i=1}^{N} p_i \left\| T(x_i) - \sum_{j=1}^{N} \boldsymbol{W}_{ij} T(x_j) \right\|^2$$

(6.3)

式中 $\lambda > 0$，控制能量函数两个部分之间的折中。

能量函数式（6.3）可以使用确定性退火方法进行优化，采用逐渐降低温度 t（如 $t^{\text{new}} = t^{\text{old}} \cdot r$，其中 r 称为退火速率）和正则化参数 λ（如 $\lambda = \lambda^{\text{init}} t$）来交替求解匹配置信度 $\boldsymbol{P}$ 和非刚性变换。在迭代收敛后，得到非刚性变换来进行图像对齐。此外，稀疏特征对应可以通过预定义阈值 τ 从匹配置信度 $\boldsymbol{P}$ 估计出来：$I = \{n \mid p_n > \tau, n = 1, \cdots, N\}$。

6.3　基于 SIFT 流的稠密像素匹配

SIFT 流受光流方法的启发，光流方法能够在两幅图像之间产生稠密的像素间对应关系。SIFT 流采用光流计算框架，但用匹配 SIFT 描述子代替原始像素灰度。SIFT 特征对表观特征差异性较大的场景具有更好的鲁棒性。因此，它适合于在不同的时间，从不同的角度，或由不同的传感器拍摄的遥感图像的匹配。

与光流类似，SIFT 流要求 SIFT 描述子沿着流向量和流场方向的匹配是平滑的，且不连续性与场景目标的边界一致。令 u 表示稠密的离散流，p 为模板图像的网格坐标，则 $\boldsymbol{u}(p)$ 是 p 处的位移向量，即模板图像中点 p 对应于目标图像中的点 $p + \boldsymbol{u}(p)$。此外，u 取值为整数。设 s_1 和 s_2 是两幅图像中每个像素的 SIFT 特征。集合 e 包含所有空间邻域（使用四邻域系统）。令 $\boldsymbol{u}(p) = [\boldsymbol{u}^1(p), \boldsymbol{u}^2(p)]^{\text{T}}$，则 SIFT 流的能量函数定义为

$$\left[\varepsilon(\boldsymbol{u}) = \sum_{p} \min\{\| s_1(p) - s_2[p + \boldsymbol{u}(p)] \|_1, t\} + \sum_{p} \gamma \| \boldsymbol{u}(p) \|_1 \right]$$
$$+ \left[\sum_{(p,q) \in \varepsilon} \sum_{i=1}^{2} \min(\alpha \mid \boldsymbol{u}^i(p) - \boldsymbol{u}^i(q) \mid, d) \right]$$

(6.4)

式（6.4）右边三项分别是数据项、小位移项和平滑项。γ 为系数，q 为 p 的领域。第一个数据项约束基于流向量 $\boldsymbol{u}(p)$ 的 SIFT 描述子匹配。第二个小位移项约束流向量尽可能小。第三个平滑项约束相邻像素的流向量相似。在该目标函数中，数据项和平滑项均采用截断的 L_1 范数，α 为尺度归一化参数，进行线性缩放，以

r 和 d 作为阈值，来处理离群点和流的不连续性。目标函数式（6.4）利用置信传播算法与由粗到精匹配方案相结合来进行优化。

6.4　基于稀疏点集与稠密流的匹配模型构建和求解

遥感图像对通常包含未知的非刚体运动，因此稀疏点集匹配方法不能获得精确的像素对应。另外，稠密流匹配方法容易受到旋转和尺度变化的影响。为了解决这个问题，引入一个新的方法来匹配稀疏和稠密的 SIFT 特征。

6.4.1　问题建模

根据式（6.3）和式（6.4），新的能量函数可以定义为

$$\varepsilon(p,v,u) = \sum_{n=1}^{N} p_n \| y_n - x_n - v(x_n) \|^2 - \eta \sum_{n-1}^{N} p_n + T \sum_{n=1}^{N} p_n \log p_n + \lambda \sum_{i=1}^{N} p_i \left\| v(x_i) - \sum_{j=1}^{N} W_{ij} v(x_i) \right\|^2$$

$$+ \frac{\delta}{L} \sum_p \min\{\| s_1(p) - s_2[p + u(p)] \|_1, r\} + \frac{\delta}{L} \sum_p \gamma \| v(p) - u(p) \|^2$$

$$+ \frac{\delta}{L} \sum_{(p,q) \in \varepsilon} \sum_{i=1}^{2} \min(\alpha | u^i(p) - u^i(q) |, d)$$

$$\text{(6.5)}$$

式中：L 为估计像素的总数量；δ 为控制稀疏点集匹配和稠密流匹配之间权衡的正参数。

能量函数的组成部分如下：前四项来自式（6.3）中的稀疏匹配能量函数，利用稀疏对应关系对位移函数 v 进行了鲁棒估计。其余三项分别对应于式（6.4）中 SIFT 流能函数的数据项、小位移项和光滑项，它们在两幅图像之间进行稠密匹配。唯一的区别是 SIFT 流算法中倒数第二项是 $\sum_p \| u(p) \|_1$，而不是式（6.5）中的

$\dfrac{\delta \gamma}{L} \sum_p \| v(p) - u(p) \|^2$。这一项充当了联系稀疏点集匹配和稠密流匹配之间的桥梁，使位移函数 v 和流 u 保持一致。

6.4.2　优化求解

能量函数中有两个未知变量：位移函数 v 和流 u。在两个变量信息都未知的情况下求解其中任何一个变量都相当困难，但是一旦一个变量已知后，求解另一

个变量要比求解原始的耦合问题简单得多。

式（6.5）中与 v 相关的能量函数项可以用以下形式表示：

$$\varepsilon(\boldsymbol{P},\boldsymbol{C}) = \left\| \boldsymbol{P}^{1/2}(\boldsymbol{Y}-\boldsymbol{X}-\boldsymbol{KC}) \right\|_{\mathrm{F}}^2 - \eta \sum_{n=1}^{N} p_n + T \sum_{n=1}^{N} p_n \log p_n$$
$$+ \lambda \left\| \boldsymbol{P}^{1/2}(\boldsymbol{I}-\boldsymbol{W})\boldsymbol{KC} \right\|_{\mathrm{F}}^2 + \frac{\delta\gamma}{L}\left\| \boldsymbol{VC}-\boldsymbol{U} \right\|_{\mathrm{F}}^2 \tag{6.6}$$

式中，$\boldsymbol{X}=(x_1,x_2,\cdots,x_N)^{\mathrm{T}}$ 和 $\boldsymbol{Y}=(y_1,y_2,\cdots,y_N)^{\mathrm{T}}$ 表示两个特征点集的 $N\times 2$ 矩阵，$\boldsymbol{K}\in\mathbf{R}^{N\times N}$ 为格拉姆矩阵，其中 $K_{ij}=\kappa(\boldsymbol{x}_i,\boldsymbol{x}_j)=\mathrm{e}^{-\beta\|x_i-x_j\|^2}$，$\boldsymbol{C}=(c_1,c_2,\cdots,c_N)^{\mathrm{T}}\in\mathbf{R}^{N\times 2}$ 是位移函数 v 的系数矩阵，$\boldsymbol{V}\in\mathbf{R}^{L\times N}$，其中 $V_{ij}=\kappa(\boldsymbol{p}_i,\boldsymbol{x}_j)=\mathrm{e}^{-\beta\boldsymbol{p}_i-x_j^2}$，$\boldsymbol{U}=(u_1,u_2,\cdots,u_L)^{\mathrm{T}}$ 是大小为 $L\times 2$ 的流场，$\|\cdot\|_{\mathrm{F}}$ 表示 Frobenius 范数。

迭代求解匹配置信度和位移函数包括两个主要步骤：第一步是使用当前位移函数 v 更新匹配置信度。这可以通过求式（6.6）的极值来解决。它有一个闭合形式的解：

$$p_n = \mathrm{e}^{\frac{\|y_n-x_n-v(x_n)\|^2-\eta+T}{T}} \tag{6.7}$$

在匹配置信度更新确定之后，第二步是求解位移函数 v 的系数集 $\boldsymbol{C}$。根据式（6.6）中的项与 $\boldsymbol{C}$ 相关，可得

$$\varepsilon(\boldsymbol{C}) = \left\| \boldsymbol{P}^{1/2}(\boldsymbol{Y}-\boldsymbol{X}-\boldsymbol{KC}) \right\|_{\mathrm{F}}^2 + \lambda \left\| \boldsymbol{P}^{1/2}(\boldsymbol{I}-\boldsymbol{W})\boldsymbol{KC} \right\|_{\mathrm{F}}^2 + \frac{\delta\gamma}{L}\left\| \boldsymbol{VC}-\boldsymbol{U} \right\|_{\mathrm{F}}^2 \tag{6.8}$$

取 $\varepsilon(\boldsymbol{C})$ 对 $\boldsymbol{C}$ 的导数并将其设为 0，$\boldsymbol{C}$ 的解由下列线性系统确定：

$$\left[\boldsymbol{KPK} + \lambda\boldsymbol{K}(\boldsymbol{I}-\boldsymbol{W})^{\mathrm{T}}\boldsymbol{P}(\boldsymbol{I}-\boldsymbol{W})\boldsymbol{K} + \frac{\delta\gamma}{L}\boldsymbol{V}^{\mathrm{T}}\boldsymbol{V} \right]\boldsymbol{C} = \boldsymbol{KPY} - \boldsymbol{KPX} + \frac{\delta\gamma}{L}\boldsymbol{V}^{\mathrm{T}}\boldsymbol{U} \tag{6.9}$$

算法 6.1　求解位移函数 v 的确定性退火算法

初始化参数 T_0、γ、λ。

初始化 $\boldsymbol{P}=\boldsymbol{I}$，$\boldsymbol{C}=\boldsymbol{0}$。

开始 A：

确定性退火。

　开始 B：

　交替更新；

　　根据式（6.7）更新 $\boldsymbol{P}$；

　　使用式（6.9）更新 $\boldsymbol{C}$；

　结束 B。

　减小 T_0 和 λ。

结束 A。

逐步降低温度 T_0 和正则化参数 λ，同时对这两个步骤进行迭代。在算法 6.1 中总结了确定性退火过程。

接下来，考虑式（6.5）中与 u 相关的能量函数项，这涉及最后三项：

$$\varepsilon(u) = \sum_p \min\{\| s_1(p) - s_2[p + u(p)] \|_1, r\} + \sum_{(p,q) \in \varepsilon} \sum_{i=1}^{2} \min(\alpha \mid u^i(p) - u^i(q) \mid, d)$$
$$+ \sum_p \gamma \| v(p) - u(p) \|^2$$

（6.10）

利用 SIFT 流算法将小位移项 $\sum_p \| u(p) \|_1$ 改为 $\sum_p \| v(p) - u(p) \|^2$ 来求解流 u，并用高效的置信传播算法进行优化。

迭代估计位移函数 v 和流 u 的两个步骤可以获得可靠的结果。

收敛性分析：用迭代策略来求解模板中的位移函数 v 和流 u，采用固定一个变量来求解另一个变量的方法。将目标函数式（6.5）分解为两个子问题，即式（6.6）和式（6.10）。使用标准的确定性退火方法优化式（6.6），可找到全局最优解，或至少是一个比较好的局部最优解。确定性退火是一种基于信息论原理的全局优化方法，与统计物理学类似，已成功地用于解决非凸优化问题中的局部极小值问题。遵循并使用置信传播算法优化式（6.10）。置信传播算法可以产生近似最优解。也就是说，可以从理论上确保迭代过程中的每个步骤都能接近最优的解。虽然这并不能保证在式（6.5）中得到原始目标函数的最优解，但目标函数值每一步都在减小，保证了算法的收敛性。在实验中可以发现三轮迭代就足以实现令人满意的性能。

6.4.3　实施细节

式（6.5）中的目标函数最后一项是图像点阵上 v 和 u 的平均差。因此，为了估计系数矩阵 C，可以在不降低性能的情况下对图像点阵进行采样以达到显著加速的效果。在实验中，采用了采样间隔为 10 像素的均匀采样策略。

算法 6.2　提出的算法

输入　一对图像，参数 K、T、R、λ、β、γ、α、d、δ

输出　像素流 u

从图像对中提取一组稀疏的 SIFT 对应关系：$S = \{(x_n, y_n)\}_{n=1}^{N}$。

根据稀疏对应的方向和尺度，分别构建两幅图像稠密的 SIFT 特征 $\{S_1\}$ 和 $\{S_2\}$。

构造格拉姆矩阵 K、矩阵 V。

搜索 X 中每个点的 K 近邻。

采用最小化重建误差来计算 W。

迭代

使用算法 6.1 计算 C；

更新位移函数 $v \leftarrow VC$；

使用 SIFT 优化能量函数式（6.10）；

采用流算法来计算流 u。

直到达到最大迭代次数。

在迭代结束之后从 u 获得像素级图像对齐。

此外，使用算法 6.1 来独立于 U 初始化 C，还使用数据归一化，以便两组稀疏特征点集 $\{x_i\}_{i=1}^{n}$ 和 $\{y_i\}_{i=1}^{n}$ 都具有零均值和单位方差。

SIFT 流算法存在尺度和旋转问题，本书在稠密流匹配方案中解决了这个问题。注意，稀疏 SIFT 匹配为每个对应关系提供了方向和尺度，并且对于每个正确匹配，两个特征点之间的主方向差异和尺度比率通常是常量。在此基础上，选择一小部分具有最高匹配分数的稀疏 SIFT 对应（如 20%），其通常是内点，然后将稠密 SIFT 特征的方向和尺度设置为所选对应关系的平均方向差和平均尺度。

参数设置：在式（6.1）～式（6.10）中，稀疏特征匹配主要有五个参数：K、T_0、γ、λ 和 β。参数 K 控制线性重构的最近邻数。参数 T_0 和 γ 分别表征确定性退火的初始温度和退火速率。参数 λ 控制局部几何约束对变换 T 的影响。参数 β 确定非刚性变换的特征点之间的交互范围宽度。根据两个相关的稀疏点集匹配算法和稠密 SIFT 流算法来调整参数，在整章中设定 $K = 15$，$T_0 = 0.5$，$\gamma = 0.93$，$\lambda = 1000$ 和 $\beta = 0.1$。第一次迭代之后，在式（6.8）中根据 $\delta\gamma = 10^3$ 设定附加参数 δ 来控制稀疏点集匹配和稠密流匹配之间的权衡。在算法 6.2 中总结了基于稀疏点集和稠密流的配准方法。

6.5　实验结果及分析

在本节中，评估所提方法在真实遥感图像上的性能。首先介绍了实验中使用的数据集和设置，然后给出了一些定性的结果以获得对所提方法的直观印象。最后，通过定量比较，进一步验证所提方法的有效性。

6.5.1　数据集和设置

测试数据集包含 400 对由中国测绘科学研究院提供的尺寸为 800 像素×740

像素的全色航空照片，拍摄地点为日本东京和中国武汉。图像对包含地面起伏变化和成像视点变化，所以不能采用如刚性或仿射变换的参数模型进行精确匹配。

为了定量评估，为每个图像对手动构建了一组 100 个点对应关系作为地真信息。例如，位于线段的交叉点上的点对应关系具有很小的模糊性。在图 6.1 中，给出了两个示例对。在每一行中，前两幅图像是具有手动标记的对应关系的图像对，第三幅图像是与对应的运动场，其中每个箭头的头部和尾部对应到两幅图像中选定点的位置。

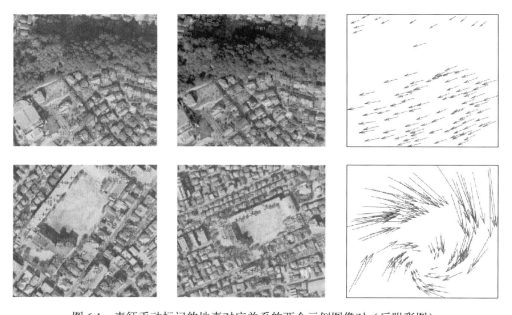

图 6.1 表征手动标记的地真对应关系的两个示例图像对（后附彩图）

每一行中，在前两幅图像中显示了手动标记的对应关系，其中两幅图像中的两个对应点用相同的数字标记。第三幅图像是相应的运动场，每个箭头的头部和尾部都对应于两幅图像中所选点的位置

将所提的方法与其他四种处于领先水平的特征匹配方法进行了比较，即 Ma 等（2015d）提出 LLT 算法、Liu 等（2012）提出的受空间顺序约束（restricted spatial order constraints，RSOC）算法、Liu 等（2011）提出的 SIFT 流算法和 Kim 等（2013）提出的变形的空间金字塔（deformable spatial pyramid，DSP）算法，其中前两种是基于稀疏特征匹配的方法，后两种是基于稠密像素匹配方法。本书实现了 RSOC 算法和 DSP 算法，并对其进行调参使其达到最优设置。对于 LLT 算法、SIFT 流算法和 MLESAC 算法，基于公开代码进行实现，所有参数均根据原始文献设定。在整个实验过程中，五种算法的参数都是固定的。实验在一台 3.0 GHz 英特尔酷睿 CPU、8 GB 内存和 MATLAB 代码的计算机上进行。

6.5.2　定性实验

为了直观地了解所提方法的性能，展示了两个典型的遥感图像对之间的配准结果，如图 6.2 和图 6.3 中的前两幅图像所示。第一对只涉及小的视点变化，而第二对包含大的旋转和尺度变化，结果也展示在图 6.2 和图 6.3 中。在每幅图中，(c)、(e)、(g)、(i) 和 (k) 分别是所提方法、SIFT 流算法、DSP 算法、LLT 算法和 RSOC 算法的配准结果（即变换后的模板图像）。为了证明配准精度，计算相应的残差图像。例如，变换后的模板图像与目标图像之间的绝对差异，分别如 (d)、(f)、(h)、(j) 和 (l) 所示。

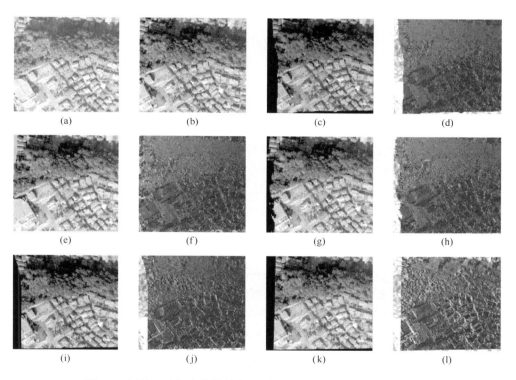

图 6.2　只涉及小视点变化的典型遥感图像对上的配准的定性比较

目标是将模板图像图 6.2（b）与目标图像图 6.2（a）对齐；图 6.2（c）和（d）显示的是基于稀疏点集和稠密流特征匹配的结果；图 6.2（e）和（f）显示基于稠密 SIFT 流算法的配准结果；图 6.2（g）和（h）显示基于稠密匹配的 DSP 算法的配准结果；图 6.2（i）和（j）显示基于稀疏特征匹配的 LLT 算法的配准结果；图 6.2（k）和（l）给出了基于稀疏特征匹配的 RSOC 算法的配准结果。对于每组结果，第一幅图像是变换后的模板图像，第二幅图像是残差图像

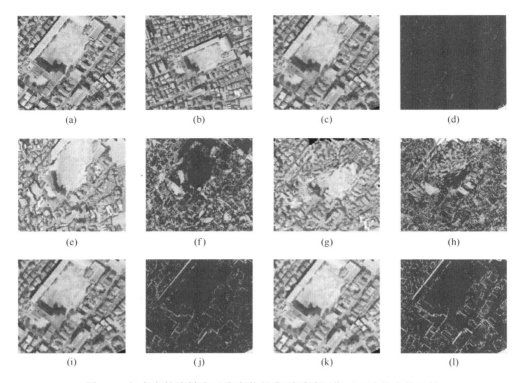

图 6.3　包含大的旋转和尺度变化的典型遥感图像对配准的定性比较

目标是将模板图像图 6.3（b）与目标图像图 6.3（a）对齐；图 6.3（c）和（d）显示基于稀疏点集和稠密流匹配的结果；图 6.3（e）和（f）显示基于稠密 SIFT 流算法的配准结果；图 6.3（g）和（h）显示基于稠密匹配的 DSP 算法的配准结果；图 6.3（i）和（j）显示基于稀疏特征匹配的 LLT 算法的配准结果；图 6.3（k）和（l）显示了基于稀疏特征匹配的 RSOC 算法的配准结果。对于每组结果，第一幅图像是变换后的模板图像，第二幅图像是残差图像

从实验结果可以看出，LLT 算法和 RSOC 算法对不同类型的退化都有鲁棒性。对于 LLT 算法，算法中采用的非参数变换模型和局部线性约束使其对非刚性变形具有鲁棒性。因为 RSOC 算法采用仿射模型来近似非刚性变形，所以其性能略逊于 LLT 算法。这两种方法所使用的稀疏特征的方向与尺度信息有助于处理旋转与尺度变化。然而，因为基于稀疏特征匹配的方法只处理一组特征点而不是所有像素，所以它们的配准精度并不高，这在复杂的非刚性变换情况下可能会出现问题。相比之下，SIFT 流算法和 DSP 算法旨在计算给定图像对的整个稠密位移场，并且对于复杂的未知非刚性变形非常有效。然而，稠密采样的 SIFT 特征是以固定的方向和尺度计算的；当图像对涉及大的旋转和尺度变化时，稠密 SIFT 特征不能正确匹配。因此，性能将严重降低，如图 6.3（e）和（g）所示。由于图像对中的光照变化，图 6.2（d）和图 6.3（d）中所提方法的绝对差异很大，并且即使两幅图像完全对准，绝对差异也不为零。然而，本书提出的基于稀疏点集和稠密流的匹

配方法可以很好地适应这些退化。稀疏特征的方向和尺度信息允许我们使用自适应方向和尺度来计算稠密 SIFT。此外，将稀疏特征的匹配作为锚点，使稠密匹配具有良好的初始化，并且不会陷入不满意的局部最优。

6.5.3　定量实验

用五种方法对数据集中 400 个图像对进行处理并定量比较，实验如下。对于某种方法，首先计算每个图像对上 100 个地真对应关系的平均配准误差，其中配准误差用成对距离测量，如变换后模板图像中的点与目标图像中对应的地真点之间的欧氏距离，然后计算召回率，将其作为度量。召回率或真阳性率被定义为真阳性图像对在整个数据集中的比例。当平均配准误差在给定的精度阈值内时，将其作为真阳性图像对。

实验结果见图 6.4。可以看到，因为图像对涉及大的尺度变化或旋转，SIFT流算法和 DSP 算法在大约一半的数据集上不能很好地配准。而 LLT 算法和 RSOC算法不受这种变形的影响，它们的结果良好，特别是 LLT 算法。结合稀疏点集匹配和稠密流匹配的优点，本书所提方法可以得到更好的结果，其中大约一半的图像对的平均配准误差小于 1 个像素，并且图像对的最大平均配准误差约为 3 个像素。表 6.1 显示了 400 个图像对的平均配准误差的均值和标准差。显然，本书所提方法具有最小的平均配准误差。该方法的平均配准误差比第二好的 LLT 算法约

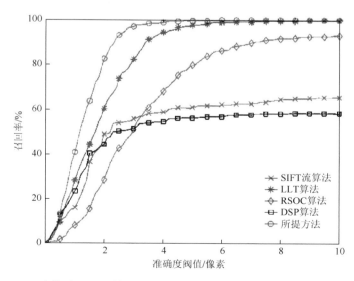

图 6.4　SIFT 流算法、DSP 算法、LLT 算法、RSOC 算法和所提方法的定量比较

小 0.5 个像素。事实上，这种程度的提升并不是轻微的，原因如下。

表 6.1　SIFT 流算法、DSP 算法、LLT 算法、RSOC 算法和所提方法的定量比较

算法	SIFT 流算法	DSP 算法	LLT 算法	RSOC 算法	所提方法
均值±标准差	15.72±22.50	32.88±44.55	1.89±1.27	4.33±5.24	**1.32±0.80**

注：粗体表示最佳性能。这些值是 400 对图像平均配准误差均值和标准差。

　　遥感图像对的大部分区域视差很小或变化缓慢。在这些邻域，稀疏特征匹配方法（如 LLT 算法）可以得到很好的效果。因此，LLT 算法能够产生一个较小的平均配准误差。然而，在如建筑物边缘等局部区域，视差通常很大，稀疏特征匹配方法很难得到满意的结果。可以从图 6.2 和图 6.3 中的定性结果看出，本节所提方法在这些区域上，配准误差通常比 LLT 算法少 3 个像素以上。这在一些图像配准应用中是非常重要的，其严重依赖于配准精度，如三维场景重建，如果不进行精确的配准，建筑物的重建边缘将严重退化。

　　本书还给出了五种方法在同样数据集上的平均运行时间，如表 6.2 所示。可以看到，DSP 算法和 LLT 算法比其他方法效果更好，前者是因为其使用主成分分析（principal component analysis，PCA）来降低特征维度，后者是由于稀疏特征的规模较小。因为 RSOC 算法使用了复杂的图像匹配方法，耗时最长，其时间复杂度为 $O(N^2 \log N)$。所提方法耗费的时间第二长，并且时间开销取决于迭代次数。

表 6.2　SIFT 流算法、DSP 算法、LLT 算法、RSOC 算法和所提方法在数据集上的平均运行时间　　　　单位：s

算法	SIFT 流算法	DSP 算法	LLT 算法	RSOC 算法	所提方法
平均运行时间	17.96	**0.88**	1.55	208.03	59.73

注：粗体表示最佳性能。

　　本章提出了一种新的遥感图像非刚性逐像素配准方法。该方法的一个关键特性是基于稀疏和稠密采样特征的匹配，其中稀疏匹配由局部线性约束正则化，而稠密匹配类似于 SIFT 流。在几种类型遥感图像对上的定性和定量实验结果表明，本书所提方法明显优于其他处于领先水平的方法。

第7章 基于同类相似性的类别检索

7.1 概　　述

本章及后续章节将着眼于图像匹配的一些典型相关应用。本章在形状匹配与图像匹配的基础上，探讨如何进行形状检索与图像检索，这是许多计算机视觉和模式识别任务中的一个关键问题。第 2～第 6 章介绍的基于点集匹配的方法，其匹配的结果可以用来定义图像和形状的相似性，从而进行图像和形状的分类与检索。在此基础上，本章提出新的思路来解决分类和检索问题，该方法通过一种基于同类相似性的类别检索算法，可以在已有的多个图像或形状匹配结果的基础上，挖掘同类图像或形状之间的联系。而原有许多图像或形状的相似性度量方法，只是找出了图像或形状两两之间的相似度关系，并没有将同类形状当成一个整体进行考虑。

本章的主要内容包括以下几个方面：①引入了图像与图像类的相似度概念，其相似度不仅与该检索图像有关，而且依赖于检索图像所属的整个检索类。②提出了一种简单而有效的基于图像与图像类相似度的检索算法，检索的准确性得到显著提高。③基于视觉识别中的最大池化（max pooling，MP）对所提出的方法进行扩展。④所提方法具有线性时间复杂度，可用于大规模数据库检索。

7.2 算法思想描述

现有的图像或形状检索的结果是通过对数据集中各个形状与输入形状间的相似度进行排序，从而进行检索的，其仅考虑成对图像的相似性。这看起来合理，因为两幅图像或形状越相似，它们的直接差异越小，可用距离函数来测量。然而实际情况是一些常见的非刚性形变可能会造成同类形状或图像差别非常大，这时如果仅仅用两两之间的相似性度量进行类别判断，很可能得到错误的结果。还有一种情况是两个本来不属于同一类的形状或图像，由于存在着某些比较相似的部分，而这个相似的部分在进行匹配时又起到了关键性的作用，得到的相似性度量值比较大。例如，如果仅考虑图像之间的相似性，背景可能在计算相似性中起重要作用，具有相同背景的不同对象的两幅图像就会分到同一类中，在这种情况下，需要能够找到图像本质属性的相似性，这是本章的目的所在。用形状检索做进一步的解释，如图 7.1 所示。采用 IDSC 算法，相比于形状图 7.1（c），形状图 7.1（b）与输入形状图 7.1（a）更相似。然而，形状图 7.1（a）和图 7.1（c）都是鹿，形状图 7.1（b）是马。造成这个不正确的判断的原因是从体态上图 7.1（a）的鹿与图 7.1（b）的马更相似，而这种检索算法把每个形状视为单个模式，并且不能像人眼那样捕捉鹿的本质属性，如鹿角。为了解决这个问题，本书在提出的方法中引入了图像与图像类相似性的概念。这种方法基于图像和类之间的相似性来测量相似度，并且不需要预先知道类，图 7.2 展示了一个典型的例子。第一行是采用了 Chen 等（2015b，2014）提出的 CSR 算法在数据集上做的一组结果，第二行为 IDSC 算法与 Ling 等（2007）提出的动态规划相结合的方法（IDSC ＋ DP 算法）得到的形状检索结果。其中第一列是输入形状，每一行后面 10 个形状是基于相似度排序的 10 个形状检索结果。注意这些使用图像间相似性的方法的检索

(a) 鹿的形状　　　　　　　　　(b) 马的形状　　　　　　　　(a) 另一幅鹿的形状

图 7.1　MPEG-7 数据库中的三个形状示例

基于图像间相似性的现有方法通常将形状（b）排序为比形状（c）更类似于输入形状（a）

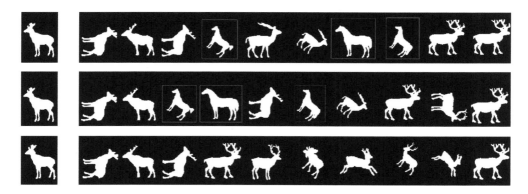

图 7.2　典型的例子

在每一行中，第一个形状是输入形状，其余 10 个形状是按降序排列的算法检索到的 10 个最相似的形状。前两行分别是基于图像间相似性的 CSR 算法和 IDSC ＋ DP 算法的检索结果。第三行是所提的基于图像与图像类相似性的类别检索算法的结果。灰色方框表示错误结果

结果，前面可以找到一些最相似的形状，但是后面检索的形状是错误的，如灰色方框所示。最后一行是本章所提的基于同类相似性方法检索的输入形状，可以看到检索到的 10 个形状与输入形状来自相同的类。因此，本章提出的方法可以有效地提高检索精度。

　　所提方法的基本思想是：在寻找与待检索的形状或图像同类形状时，根据形状的距离矩阵或者相似性矩阵，首先可以找到与输入形状最相似的形状。检索类由待检索图像和当前检索到的图像组成，而图像到类的相似性是数据库中的图像和检索类中的每个图像之间的相似性之和。该方法使用迭代框架，交替地更新检索类并计算图像到类的相似性。在第一次迭代中，检索类的信息最少，只包含待检索图像。一旦找到了与输入形状最相似的形状，将其合并到检索类中，利用这些信息找到下一个与已找出的形状都相似的形状。随着迭代的进行，检索类包含的样本就越多，而作为正样本的新图像应该与检索类中的所有样本相似，也就是说新图像包含检索类的一些本质属性。因此，该框架能够挖掘检索类的内在信息，从而有助于提高检索的准确性。

7.3　检索算法实现

7.3.1　图像间相似性度量

　　传统基于两两相似性的检索已经应用于许多检索场景当中，如关键字、文档、图像和形状检索。给定图像数据库 $\mathscr{I} = \{I_i : i \in \mathbf{N}_N\}$ 和相似度函数 $S : \mathbf{I} \times \mathbf{I} \to \mathbf{R}^+$，$R^+$ 表示正实数，其中相似度函数可基于图像匹配为每对图像分配一个相似度值。于是，我们可以得到一个相似矩阵 P，其中 $P_{ij} = S(I_i, I_j)$ 表示 I_i 与 I_j 之间的相似度。

　　假设 I_1 是待检索图像，$\{I_2, I_3, \cdots, I_N\}$ 是给定的数据库图像集。对 P_{1i} 进行降序，即可得到与待检索图像的相似性相关的一组图像排序，且相似度越高的数据库图像在序列中排名越靠前。通常，前 $M(M \ll N)$ 幅图像作为与检索图像 I_1 最相似的图像返回。

7.3.2　问题表述

　　一般来说，相似度函数 S 并不完美，并且对于一些图像对，它可能返回错误结果。这促使我们研究图像与图像类的相似性：检索到的图像不仅与待检索图像类似，而且应该类似于待检索图像所属的未知类中的所有图像，即检索类（待确定）。这相当于解决了以下问题：给定 I_t 作为待检索图像，目标是找到既与待检索

图像 I_t 相似又彼此相似的 M 幅图像。假设 $\{x_i : i \in \mathbf{N}_N\} \in \{0,1\}$ 是一组指示变量。因此，目标是最大化以下优化问题：

$$\{x_i^* : i \in \mathbf{N}_N\} = \arg \max_{x_1,x_2,\cdots,x_N} \sum_{i=1}^{N} x_i \boldsymbol{P}_{ti} + \lambda \sum_{i=1,i\neq t}^{N} \sum_{j=i+1,j\neq t}^{N} x_i x_j \boldsymbol{P}_{ij} \qquad (7.1)$$

式中，$\{x_i : i \in \mathbf{N}_N\} \in \{0,1\}$，且 $\sum_{i=1}^{N} x_i = M$。

式（7.1）中右边的第一项是输入图像与检索图像之间的相似性，第二项是检索图像自身的相似性，λ 是控制这两项之间权衡的正数。显然，较小的 λ 值（如 $\lambda < 1$）表示输入图像 I_t 的权重较大。用 L_M 表示最优解的索引集，即 $L_M = \{i \mid x_i^* = 1, i \in \mathbf{N}_N\}$。为了确保客观性，添加一个限制条件：$L_M \subseteq L_{M+1}$，这意味着随着检索出的同类形状数量的增加，后面的形状检索结果必须包含前面所有检索出来的形状。因此，目标函数变成了下面的形式：

$$\{x_i^* : i \in \mathbf{N}_N\} = \arg \max_{x_1,x_2,\cdots,x_N} \sum_{i=1}^{N} x_i \boldsymbol{P}_{ti} + \lambda \sum_{i=1,i\neq t}^{N} \sum_{j=i+1,j\neq t}^{N} x_i x_j \boldsymbol{P}_{ij} \qquad (7.2)$$

式中，$\{x_i : i \in \mathbf{N}_N\} \in \{0,1\}$；$\sum x_i = M$，$L_m \subseteq L_{m+1}$；$\forall m < M$。

采用递推法来求解式（7.2）中的优化问题。

对于 $M=1$，目标函数中的第二项消失，并且解是明显的，即 $x_t = 1$。因此，可以得到 $L_1 = \{t\}$。

对于 $M=2$，目标函数中的第二项也消失了，而且解是 $L_2 = \{t,i\}$，其中 i 满足当 $i \in \mathbf{N}_N, i \neq t$ 时，P_{ti} 为最大值。

对于 $M>2$，因为 $L_{M-1} \subseteq L_M$，已经确定了要检索的前 $M-1$ 幅图像，所以只需要找到第 M 幅最优图像。这样，式（7.2）中的目标函数成为

$$j^* = \arg \max_{j \notin L_{M-1}} P_{tj} + \lambda \sum_{i \in L_{M-1}, i \neq t} P_{ij} \qquad (7.3)$$

j 的最优解 j^* 为相对于待检索图像（即 P_{tj}）加上带权重 λ 的已检索到的图像，即 $\lambda \sum_{i \in L_{M-1}} P_{ij}$，具有最大相似性的图像索引。因此，$I_M = I_{M-1} \bigcup j^*$。这个过程一直进行到 M 达到预定义的值为止。

求解过程分析如下：$\boldsymbol{p}$ 表征为 $N \times 1$ 维向量，$\{i_n : n \in \mathbf{N}_M\}$ 对应于检索图像的一组索引，即 $L_m = \{i_1, i_2, \cdots, i_m\}$。对于 $M=1$，检索图像显然是其待检索 I_t 本身，即 $i_1 = t$。$\boldsymbol{P}_{\cdot,k}$ 表示 $\boldsymbol{P}$ 的第 k 列，然后分配 $\boldsymbol{p} = \boldsymbol{P}_{\cdot,i_1}$。对于 $M=2$，检索图像的索引 i_2 是 j，其中 $j \notin L_1$ 并且 p_j 有最大值，然后赋值 $\boldsymbol{p} = \boldsymbol{p} + \lambda \boldsymbol{P}_{\cdot,i_2}$。对于 $M=3$，检索图像的索引

i_3 为 j，其中 $j \notin L_2$ 并且 p_j 有最大值，然后赋值 $\boldsymbol{p} = \boldsymbol{p} + \lambda \boldsymbol{P}_{\cdot, i_3}$。随着这个过程的进行，最终可以得到所有检索图像的索引 $L_m = \{i_1, i_2, \cdots, i_M\}$。以上迭代过程，定义检索类作为当前检索到图像的集合，在第 k 次迭代中，首先基于向量 $\boldsymbol{p}$ 找到第 k 幅图像并更新检索类，然后计算向量 $\boldsymbol{p}$。$\boldsymbol{p}$ 的分量（如 p_j，其中 $j \notin L_{k-1}$）可看成图像 I_j 和检索类 L_{k-1} 的相似性。这种相似性定义为图像到图像类间的相似性。

本书提出基于图像到类相似性的检索（retrieval based on image-to-class similarity，RICS）算法，在算法 7.1 中总结了所提 RICS 算法的整个流程。

算法 7.1　RICS 算法

输入　相似度矩阵 $\boldsymbol{P}$，待检索图像的索引 t，参数 λ，所需检索图像的数量 M

输出　M 个检索图像的索引集 L_M

初始化 $L_M = \{t\}$，$\boldsymbol{p} = \boldsymbol{P}_{\cdot, t}$，$k = 1$。

迭代

求索引 j，其中 $j \notin L_M$，并且 p_j 具有最大值；

更新 $L_M \leftarrow L_M \bigcup j$；

更新 $\boldsymbol{p} \leftarrow \boldsymbol{p} + \lambda \boldsymbol{P}_{\cdot, j}$；

$k = k + 1$。

直到 $k = M$。

迭代结束后获得索引集 L_M。

7.3.3　图模型

为了更直观地说明本章的算法，可以用状态转移图来表示数据集中形状之间的关系，如图 7.3 所示。数据集包含五个形状，其中第一个形状是输入形状。每个形状（如 1、2、3、4、5）是图中的一个节点，从节点 i 到节点 j 的转移概率可以表征为对应的两个形状的相似度，如 $\boldsymbol{P}_{ij}$，其中 $\boldsymbol{P}_{ij} = \boldsymbol{P}_{ji}$，采用归一化相似度矩阵 $\boldsymbol{P}_{ij}' = \dfrac{\boldsymbol{P}_{ij}}{\sum\limits_{k=1}^{N} \boldsymbol{P}_{ik}}$。然后可以使用完全状态转移图来表示数据库中所有图像或形状的相似性关系。

图 7.3（a）是全连通状态转移图的初始状态，其中节点 1 本身是第一个检索图像。接下来目标是找到集合 $\{P_{21}, P_{31}, P_{41}, P_{51}\}$ 的最大值。假设最大值是 P_{21}，将节点 2 合并到检索类中得到节点 12，如图 7.3（b）所示。更新图像到图像类的相似性，如 $P_{3,12} = P_{31} + \lambda P_{32}$。然后，再找出集合 $\{P_{3,12}, P_{4,12}, P_{5,12}\}$ 的最大值。假设最大值是

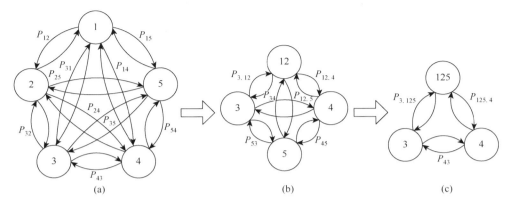

图 7.3　RICS 算法的迭代更新相似性的过程

数据库包含五个形状，输入形状为节点 1。图 7.3（a）为全连通状态转移图，表示初始相似关系。图 7.3（b）为经过一次迭代之后得到的状态转移图，节点 12 表示当前的查询类。图 7.3（c）为第二次迭代的结果，其中节点 5 和节点 12 具有最大的图像到类的相似性，合并到查询类中

$P_{5,12}$，那么将节点 5 合并到检索类中，如图 7.3（c）所示。随着迭代过程的进行，检索类会逐渐增大，最终会逐步获得所有需要的检索图像。

7.3.4　扩展：汇总和最大化相似性

在所提的 RICS 算法中，图像到图像类的相似性是采用总和池化（sum pooling，SP）规则来定义的，即式（7.3），其为数据库中的图像和检索类中所有检索图像之间相似性的总和。另外，也可使用视觉识别中的 MP 规则来定义，如数据库中的图像和检索类中检索图像之间的最大相似度，然后式（7.3）变成

$$j^* = \arg\max_{j \notin L_{M-1}} \{P_{tj}, \lambda P_{ij} : i \in L_{M-1}, i \neq t\} \qquad (7.4)$$

一般说来，相似性池化的目标是将联合图像的相似性转换成一个新的、更有用的、保留重要信息的相似性。

7.3.5　计算复杂度

在算法 7.1 中可以看到，对于给定两两间相似性矩阵 P 的检索图像，所提的 RICS 算法检索 M 幅图像需要 M 次迭代来实现。在每次迭代中，都要求出第 3 行中最多包含 N 个元素的向量的最大值，其时间复杂度为 $O(N)$。显然，第 5 行中图像到图像类相似性 p 的更新也具有时间复杂度 $O(N)$。因此，所提的 RICS 算法的总时间复杂度为 $O(MN)$，其与数据库的规模呈线性关系。注意，为了计算和存储相似性矩阵 P，在时间和空间上复杂度都需要 $O(N^2)$。然而，只需要计算 P 的

M 列来检索图像，故计算两两间相似性的复杂度在时间和空间上都降低到
$O(MN)$。因此，整个过程的复杂性在时间和空间上都是 $O(MN)$。对于所提的有
MP 的 RICS 算法来说，因为式（7.4）时间复杂度也为 $O(N)$，所以时间和空间的
复杂度保持一致。

7.4　实验结果及分析

在本节中，评估所提出的 RICS 算法在各种数据库上用于图像和形状检索的
性能。在整个实验过程中，由 IDSC 算法得到最初的图像间相似性矩阵 P。接下
来，首先讨论本章所使用的数据库，然后在每个数据库上测试所提方法的性能，
并将其与几种处于领先水平的算法进行比较。

7.4.1　实验数据库

本章分别在三个数据库上进行了测试：MPEG-7 形状数据库、N-S 数据库
（Nistér et al.，2006）及 AT&T 人脸数据库。

MPEG-7 形状数据库包含 1 400 个形状，分成 70 类，每类有 20 个形状。采
用通用的牛眼（bull's eyes）的方法进行定量评估。bull's eyes 方法每次在最相似
的 40 个形状中寻找同类形状，同类形状总数与最高可能的数目（即 20 个）的比率
定义为检索率。最佳可能结果为 100%。N-S 数据库包含 Henrik Stewénius 和 David
Nistér 收集的 10 200 幅自然图像。数据库分成 2 550 类，每类有 4 幅图像，是从不
同角度拍摄的同一场景图片。AT&T 人脸数据库包含 400 张人脸图像，有 40 组，
每组有 10 幅同一人脸的图像。这些人脸在拍照时间、光线条件、表情（睁开眼睛、
闭上眼睛、笑、哭、生气）、细节（戴眼镜或不戴眼镜）和方向上各不相同。

7.4.2　MPEG-7 形状数据库上对比结果

采用 CSR 算法计算相似矩阵，首先用 SC 距离、弯曲能量和离群点比三项的
加权和来估计形状对之间的距离。可以参考 Belongie 等（2002）的研究来获得前
两项的细节，这里还增加了一个额外的异常值比率项来防止形状的不匹配。然后
采用 Bai 等（2010）提出的策略将成对距离转换成相似矩阵。

基于 CSR 算法生成的 1400 个形状的相似度矩阵，来检验 RICS 算法的检索
精度。图 7.4 展示了一部分检索结果。在每一组中，第一行是基于对图像两两相
似度直接排序的（如 CSR 算法）方法得到的结果，而第二行是所提 RICS 算法的
结果。从结果可以看出，所提 RICS 算法能够纠正原始 CSR 算法的许多错误检索

结果，特别是第 15 行中的苹果形状。虽然基于对图像两两相似度直接排序的算法存在许多错误检索结果，但是在使用所提的图像到图像类的相似性算法之后可以检索到所有正确的形状。这说明图像到图像类间相似性的匹配算法可以提高检索的准确性，对图像检索具有重要意义。

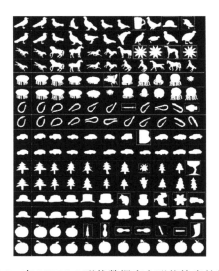

图 7.4　在 MPEG-7 形状数据库上形状检索的结果

在每一组中，第一行是基于对图像两两相似度直接排序的 CSR 算法得到的结果，而第二行是所提的基于图像到图像类的相似性 RICS 算法得到的结果。在每一行中，第一幅图像是输入图像

　　所提方法中只有一个参数，即 λ。这里测试参数 λ 对数据库检索精度的影响。平均精度的统计数据如图 7.5 所示，可以看到，在 $\lambda = 0.7$ 的情况下，应用 SP 和 MP 得到的 RICS-SP 算法、RICS-MP 算法和 RICS 算法都能获得较好性能。所以，下面的实验中固定参数 λ 的取值为：$\lambda = 0.7$。将 RICS-SP 算法和 RICS-MP 算法与目前处于领先水平的几种形状匹配方法在 MPEG-7 形状数据库上进行定量比较，即 Mokhtarian 等（1997）提出的曲率尺度空间（curvature scale space，CSS）算法、Thayananthan 等（2003）提出的 SC + TPS 算法、Ling 等（2007）提出的 IDSC + DP 算法、Felzenszwalb 等（2007）提出的形状树（shape tree，ST）算法和 Chen 等（2015b）提出的 CSR 算法。此外，还使用一些后处理方法，如 Yang 等（2009b）提出的局部约束扩散过程（locally constrained diffusion process，LCDP）算法、Bai 等（2010）提出的图传播（graph transduction，GT）算法、Egozi 等（2010）提出的元描述子（meta descriptor，MD）算法和 Donoser 等（2013）提出的通用扩散过程（general diffusion processes，GDP）算法，其中将 IDSC 算法的结果作为输入。结果展示在表 7.1 中，可以看到所提的 RICS-SP 算法和 RICS-MP 算法比其他形状匹配方法的

效果都更好，而且 RICS-SP 算法的结果比 RICS-MP 算法略好。在后处理方法中，所提的 RICS-SP 算法可以达到较高的精度。所提方法的效率与数据库的规模相关，具有线性复杂度。表 7.2 中的最后一列给出了检索的平均运行时间。显然，与其他后处理方法相比，所提的 RICS 算法耗时要少得多。实验在 3.3 GHz 因特尔酷睿 CPU、8 GB 内存和 MATLAB 代码的计算机上进行。

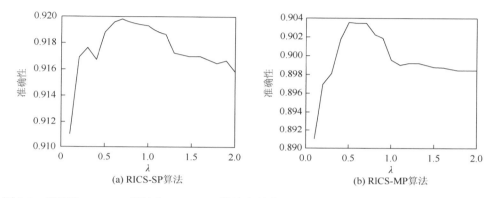

图 7.5　所提的 RICS-SP 算法和 RICS-MP 算法在具有不同 λ 值的 MPEG-7 形状数据库上的性能

表 7.1　在 MPEG-7 形状数据库中不同形状匹配方法的比较　　　　单位：%

算法	算法 CSS	SC + TPS 算法	IDSC + DP 算法	ST 算法	CSR 算法	LCDP 算法	GT 算法	MD 算法	GDP 算法	RICS-SP 算法	RICS-MP 算法
精度	75.44	76.51	85.40	87.70	85.37	92.36	91.61	91.46	91.12	91.98	90.36

表 7.2　不同后处理方法在 MPEG-7 形状数据库上的运行时间比较　　　　单位：ms

算法	LCDP 算法	GT 算法	MD 算法	GDP 算法	RICS 算法
时间	55.14	1600	1400	0.81	0.29

　　RICS 算法是一种后处理方法，可以将任何方法（包括后处理方法）产生的相似度矩阵作为输入，以进一步提高检索性能。以采用 GT 算法的结果作为输入来验证这个问题，检索准确率从 91.61% 提高到 93.14%，即所提的 RICS 算法可以作为现有方法的补充，以提高检索性能。

7.4.3　N-S 数据库上对比结果

　　下面在 N-S 数据库上进行图像检索实验，该数据库每一类中有 4 幅图像。实验时，输入为一幅图像，在整个数据集中找与其同类的 4 幅图像。检索精度由返回的前 4 幅图像中正确图像的平均数量来衡量。因此，最好的检索结果为 4。每个类中只有 4 幅图像，这使数据集很难利用检索类的内在属性。

　　为了计算成对图像的相似度，首先采用 SIFT 算法建立图像对之间的特征对应关系，然后使用 CSR 算法去除误匹配，最后通过 CSR 算法保留的对应数目来赋值图像对相似性。

　　图 7.6 显示了一部分检索结果。在每一组中，第一行是基于对图像两两相似度直接排序的方法得到的结果，如 CSR 算法，而第二行是所提 RICS-SP 算法的结果。从结果中，可以看到 CSR 算法检索的图像包含若干错误的图像，如花瓶类和汽车类。由于数据库中图像数量很大，可能存在与输入图像部分匹配的伪图像，那么它们之间相似性较高。尽管如此，一个错误图像与检索类中的所有图像匹配均较好的概率通常非常小。因此，所提的基于图像到图像类相似性的 RICS-SP 算法提高了检索的精度。正如图 7.6 中结果所示，所提的 RICS-SP 算法能够检索到所有正确图像。

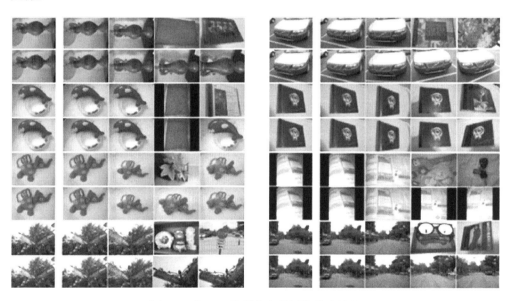

图 7.6　在 N-S 数据库上的图像检索结果

在每组中，第一行是基于直接排序图像间的相似性的 CSR 算法得到的结果，而第二行是基于图像到类的相似性的 RICS-SP 算法得到的结果。在每一行中，第一幅图像是输入图像

　　将 RICS 算法与三种处于领先水平的方法进行比较来进行定量的评估，如 CSR 算法、LCDP 算法和 Yang 等（2013）提出的张量积图（tensor product graph，TPG）算法。平均检索精度见表 7.3，所提的 RICS 算法准确度最高。

算法	CSR 算法	LCDP 算法	TPG 算法	RICS 算法
平均检索精度	3.45	3.58	3.61	3.65

表 7.3　比较在 N-S 数据库上的检索精确度　　　　　　　　　单位：幅

7.4.4　AT&T 人脸数据库上对比结果

　　AT&T 人脸数据库每一类有 10 幅图像。实验时，输入为一幅图像，在整个数据集中找与其同类的 10 幅图像。与 N-S 数据库一样，检索精度也使用前 10 个返回图像中正确图像的平均数量来衡量，最好的检索结果为 10。同时，图像对之间的成对相似度也与在 N-S 数据库上的相同。图 7.7 展示了 CSR 算法（即奇数行）和所提的 RICS-MP 算法（即偶数行）的检索结果。CSR 算法检索的错误结果和 RICS-MP 算法检索的错误结果可以很明显地由图上看出。

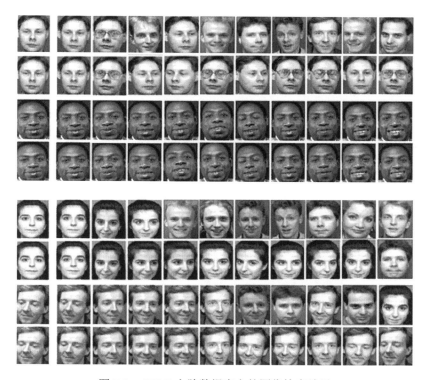

图 7.7　AT&T 人脸数据库上的图像检索结果

在每一组中，第一行是基于对图像两两相似度直接排序的 CSR 算法的检索结果，而第二行是基于图像到图像类相似性的 RICS-MP 算法的检索结果。在每一行中，第一幅图像是输入图像

　　由第一和第五行结果可以看到，使用只考虑图像间相似性的 CSR 算法检索到的 10 个结果中仅有 3 个是正确的。因为在表情、方向、光照条件等不同的情况下，很难将所有 10 幅图像与输入图像进行匹配。然而，采用所提的基于图像到图像类相似性的 RICS-MP 算法，10 幅正确的图像都能被检索到。因为可以在检索类中至少找到一个与待检索的正确图像很好匹配的图像。所以，所提的 RICS-MP 算法中的 MP 规则可得到更合适的相似性度量，以提高检索精度。CSR 算法和 RICS-MP 算法的平均检索精度分别为 7.24 幅和 8.76 幅。

　　本章提出了一种简单而有效的基于图像到图像类相似性的形状检索方法 RICS 算法，通过在检索过程中不断增加同类信息来提高检索结果。该方法交替更新检索类，并以线性时间复杂度计算图像到图像类的相似性。同时，采用视觉识别中的 MP 规则对 RICS 算法进行了扩展。算法在一些常见的形状和图像数据库上的检索结果都表明，该方法能取得比许多处于领先水平的算法更好的结果。

第8章 机器人拓扑导航

8.1 概　述

近年来，各种视觉建图和导航的方法层出不穷，地图表征在这些方法中起着关键作用。根据附加摄像机获得的视觉信息对环境结构进行表征，然后将其用于后续任务中，如路径规划、定位和避障。地图的表示形式多种多样，如度量图（特征图、占用栅格图）、拓扑图、混合图、语义图等。为了达到导航的目的，并不需要全局一致的度量图。相比之下，具有用于导航和规划的粗略度量信息的拓扑连接才是最必要的。

拓扑图也称为图像路径图、视觉图、外观图或基于外观的拓扑图。拓扑图是基于图形对环境的表示，每个节点对应于环境的一个特征或区域，每条边对邻接关系进行编码，或者与转弯、过门、停止、直行等动作相关联。拓扑建图相对于度量建图简单紧凑，占用计算机内存较少，因此能够加快计算导航的过程。

拓扑建图已成功地应用于视觉导航。Goedemé 等（2007）利用全向摄像机进行拓扑导航，列切片不变量被用作宽基线特征。Fraundorfer 等（2007）还采用了一种高效的图像检索方法来拓扑建图，即词袋（bag of words，BoW）特征表示和词典树，实现了对超大环境的建图。类似地，Angeli 等（2008）提出了增量拓扑建图和闭环检测方法。Erinc 等（2009）提出了基于多个异构移动机器人的拓扑建图方法，可以构建和共享基于图像定义的室内导航图。Do 等（2018）基于图像定义路径提出了自主四旋翼导航方法，即首先利用采集的图像建立视觉地图，然后四旋转器按照所需的视觉路径进行导航。

在上述拓扑导航方法中，采用局部特征来选择关键帧、重定位及估计相对姿态。采用的特征通常包括 Goedemé 等（2007）提出的列段不变、Lowe（1999）提出的 SIFT 和 Alahi 等（2012）提出的快速视网膜关键点（fast retina keypoint，FREAK）。为了进一步加速计算，采用 Gálvez-López 等（2012）提出的基于局部特征的 BoW。在这种特征表示中，局部特征是从大量图像中提取的，对这些局部特征进行聚类以获得视觉词典。然后用视觉词典对图像的局部特征进行量化，用视觉词典的直方图表示图像。有时，直方图的每个区域都进一步用词频-逆文档频率（term frequency-inverse document frequency，TF-IDF）加权，这是一种数值统计方法，反映了视觉词典对图像集中图像的重要程度。

　　局部特征在光照变化和运动模糊的条件下具有一定程度的不变性。尽管如此，因为存在大的明暗变化和运动模糊，局部特征在室内导航方面的应用仍然存在很多缺陷。此外，环境中存在大量的重复纹理结构或遮挡，根据局部特征来进行匹配就会出现误匹配的情况，因此使用一些鲁棒的估计子，如 Fischler 等（1981）提出的随机采样一致性（RANSAC）算法来实现精确的特征匹配。然而，如果误配率较高，RANSAC 算法需要花费很长的时间才能找到较好的相对姿态估计。本章旨在解决这些问题，提高拓扑导航效率和鲁棒性。

　　更具体来说，首先将 CNN 特征作为整体图像表示来有效地从拓扑图中检索外观相似的关键帧。CNN 特征在运动模糊和光照变化条件下仍具有较强的鲁棒性，从而提高了位置识别和机器人重定位的性能。然后采用几何验证来改善检索结果，并基于一种高效、鲁棒的非刚性匹配方法寻找最相似的关键帧。此外，采用清晰度度量来选择高质量的关键帧。最后，在一个公开的数据集和一个真实的机器人平台上对所提方法在室内外导航方面的有效性进行实验验证。

8.2　拓扑建图和局部化

　　在建图阶段，通过 BoW 特征表示来确定关键帧，然后采用 Fischler 等（1981）的 RANSAC 算法进行几何验证。在定位阶段，从拓扑图中找到与当前观测图像最相似的关键帧。然后估计当前图像和最相似关键帧之间的相对姿态。路径规划需要遍历一系列的路径点图像来实现，而导航通过如下迭代实现：①将期望运动确定到相应的关键帧；②运动控制；③适当地切换到计划路径中的新关键帧。图 8.1 显示了拓扑建图和定位流程图，其中深灰色块是新添加的模块。

　　在建图阶段，主要目标是找出环境中具有代表性的帧（关键帧）。理想的关键帧应满足以下标准：①能够覆盖整个场景；②冗余性较小，即关键帧之间的重叠较少；③图像清晰。在定位阶段，主要目标是找出与当前图像最相似的关键帧，并估计其相对姿态。

　　虽然手工设计的局部特征在条件良好的情况下效果好，但当运动模糊和光照变化比较大时，效果很差，见图 8.2。在这个例子中，使用 ORB 特性和词典树来识别特征匹配。由于光照变化较大，两幅图像即使内容基本相同也没有足够的特征匹配。为了使拓扑建图和定位更具鲁棒性，本书做了以下改进：

　　（1）在建图和定位过程中，利用 CNN 特征比较两幅图像之间的相似性。

　　（2）采用图像清晰度度量剔除关键帧中模糊图像，并在定位过程中忽略模糊图像。

　　（3）采用 ORB 进行局部特征提取，它比以往采用的 SIFT 和 SURF 更有效，所需内存更少。

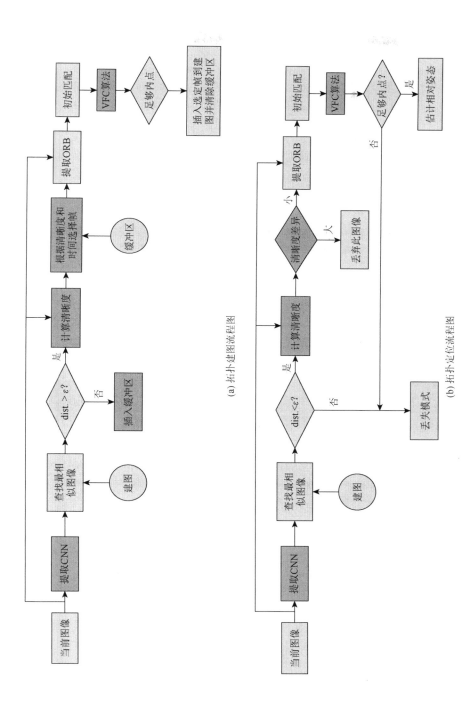

(a) 拓扑建图流程图

(b) 拓扑定位流程图

图 8.1　拓扑建图和定位流程图

图中添加了深灰色模块。在以往文献中，VFC 算法模块使用的是 RANSAC 算法。ORB: oriented FAST and rotated BRIEF

（4）采用了一种非刚性匹配方法 VFC 代替 RANSAC 算法来消除误匹配。该方法既提高了匹配精度，又提高了匹配效率。

图 8.2　当光照变化较大时，两幅内容相同的图像没有足够的特征匹配

圆圈表示 ORB 特征点，线条表示对应

8.2.1　CNN 特征的图像比较

卷积网络通常在最后几层包含多个卷积层和全连接网络（fully connected network，FCN）。除了线性卷积层外，还包括一些非线性层，如修正线性单元（rectified linear unit，ReLU）、池化层和防止模型过拟合的丢弃层。卷积网络的最后一层是一个固定大小的特征向量。然后将这些特征输入分类器中，用于特定任务。经验证，这些特征具有良好的泛化能力。最近的研究表明，在一般数据集上训练的网络可达到最领先的性能。例如，在 ImageNet ILSVRC 数据集上训练的图像分类网络在目标检测、场景识别、语义分割等各种视觉任务上都能有很好的效果。

所提方法中使用的网络是 Chatfield 等（2014）提出的 CNN-F 结构，类似于 Krizhevsky 等（2012）提出的 AlexNet。该网络在 ImageNet ILSVRC 数据集上进行了预训练，用于图像分类。CNN-F 结构如图 8.3 所示，它包括八个可学习层，其中五个是卷积层，最后三层是全连接的。最后一层的输出被送入 soft-max 层进行分类。每一层的输出都可以从网络中提取出来，并作为整体图像的特征表示。

因为第三个全连接层和 soft-max 层专用于 ILSVRC 任务，与其他方法类似，我们采用第二个 FCN 层作为特征表示。CNN 层的输出是固定大小的特征向量。在本章中，特征尺寸为 4096，并通过 L_2 范数归一化。CNN 特征的效果良好，故简单地使用余弦距离作为两幅图像之间的差异。在实验部分，将从图像集合中选取相似的图像来验证 CNN 特征的有效性。

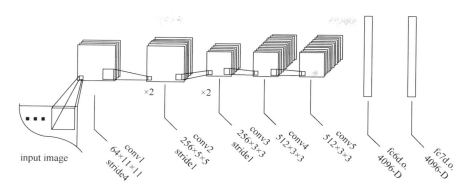

图 8.3 CNN-F 结构的图例

8.2.2 图像清晰度测量

由于手持摄像机或安装在机器人上的摄像机运动速度很快，采集到的图像往往具有严重的运动模糊。在建图过程中寻找关键帧时，希望关键帧是清晰的图像。如果选择模糊图像作为关键帧，会导致拓扑图中包含的关键帧信息较少，从而降低定位精度。

在本章中，采用清晰度度量的结果来反映边缘坡度的变化是否迅速。采用 ΔDOM 的差分（中值滤波图像的差分）作为边缘清晰度值的指标。由于明显模糊的宽度随着对比度的增加而减小，它通过边缘的对比度进行归一化度量。这种清晰度度量方法是通用的，并已成功地应用于自然场景图像和文本图像。

在拓扑建图中，只有清晰度测量值高于阈值的帧才能被选择为关键帧。在本章中将阈值设置为 0.5。

8.2.3 ORB 特征提取

ORB 是一种快速强大的局部特征检测器，提供了 SIFT 和 SURF 的一种有效替代方案。它对 Rosten（2006）中的关键点检测器特征和视觉描述子 Calonder（2010）进行了改进以提高性能。

为了使 ORB 特征均匀地分布在图像平面上，将图像平面分割成若干个不重叠的单元，并使用自适应阈值提取每个单元中固定数量的特征点。FAST 角点是以比例因子 1：2 在八个尺度级别上提取的。为了加速图像检索和特征点匹配，使用词典树将提取的 ORB 特征进一步转换为 BoW 表示。

8.3　基于非刚体特征匹配的几何校验

基于特征描述子的匹配不可避免地存在误匹配。为了消除误匹配，通常使用经典的 RANSAC 算法，并根据所有正确的匹配来估计几何参数。然而，当误配率很高时，寻找真解异常耗时。在本章中，所提方法不使用传统 RANSAC 算法，而是利用一种有效的非刚性匹配算法，即 VFC 算法，以消除错误匹配。

8.3.1　基于图像对的向量场

假设匹配由 (u_i, u_i') 组成，其中 u_i 和 u_i' 是两幅图像中两个特征点的位置。通过变换 $(u_i, u_i') \to (x, y)$ 将匹配转换为矢量场样本，其中 $x = u_i$，$y = u_i' - u_i$。

图 8.4 展示了误匹配消除和鲁棒向量场插值之间的关系。如图 8.4（a）所示，蓝线和红线分别表示正确匹配和错误匹配。首先将匹配转换成如图 8.4（b）所示的向量场训练集。在向量场插值的上下文中，正确的匹配称为内点，错误匹配称为离群点，内点集如图 8.4（c）所示。利用传统的向量场插值，从具有离群点的训练集中获得图 8.4（d）中的向量场，而不具有离群点的训练集可得图 8.4（e）中的向量场。显然，因为图 8.4（d）中训练集包含离群点，所以其向量场十分复杂。因此，主要问题是如何使用图 8.4（b）中的含有离群点的训练集来估计图 8.4（e）中的向量场，并自动识别离群点。

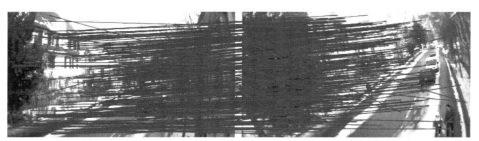

(a) 初始匹配图像

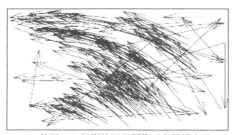

(b) 使用ORB级别的匹配图像对向量场表示

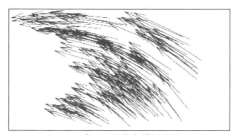

(c) 正确匹配对的向量场表示

(d) 图(b)的向量场插值结果　　　　　　　　　　　　(e) 图(c)的向量场插值结果

图 8.4　误配消除和鲁棒向量场插值（后附彩图）

图 8.4（a）为图像对及其初始匹配。蓝线和红线分别对应内点和离群点。图 8.4（b）、（c）为由所有初始匹配和仅内点产生的运动场样本。每个箭头的头和尾部分别对应于两幅图像中特征点的位置。图 8.4（d）、（e）为分别使用图 8.4（b）和（c）中的样本插值得到的向量场。可视化方法是线积分卷积（line integral convolution，LIC），颜色表示每个点的位移幅值

8.3.2　VFC 算法表述

　　Ma 等（2014）提出的 VFC 使用贝叶斯框架来估计向量场并自动识别离群点。观测到的向量场样本表示为 $S = \{(\boldsymbol{x}_n, \boldsymbol{y}_n)\}_{n=1}^N$，其中 $\boldsymbol{x}_n \in \mathscr{R}^2$ 和 $\boldsymbol{y}_n \in \mathscr{R}^2$ 是初始匹配对应两组特征点的空间位置。目标是从内点中区分出离群点，并学习映射 $f: \mathscr{R}^2 \to \mathscr{R}^2$ 拟合内点，其中 $f \in \boldsymbol{H}$，并假设 $\boldsymbol{H}$ 是 RKHS。

　　在不失一般性的情况下假设：对于内点，其位置噪声为具有零均值和各向同性标准差 σ 的高斯噪声；对于离群点，输出的观测值在图像平面的一个有界区域内，因此假定其服从均匀分布 $1/a$，其中 a 只是一个常数（如该区域的体积）。设 γ 是未知的内点比率，因此，似然概率是内点和离群点的混合分布模型：

$$p(\boldsymbol{Y} \mid \boldsymbol{X}, \boldsymbol{\theta}) = \prod_{n=1}^N p(\boldsymbol{y}_n \mid \boldsymbol{x}_n, \boldsymbol{\theta}) = \prod_{n=1}^N \left(\frac{\gamma}{2\pi\sigma^2} \mathrm{e}^{\frac{\|\boldsymbol{y}_n - f(\boldsymbol{x}_n)\|^2}{2\sigma^2}} + \frac{1-\gamma}{a} \right) \qquad (8.1)$$

式中，$\boldsymbol{\theta} = \{f, \sigma^2, \gamma\}$ 是一组未知参数；$\boldsymbol{X}_{N\times 2} = (x_1, x_2, \cdots, x_N)^{\mathrm{T}}$；$\boldsymbol{Y}_{N\times 2} = (y_1, y_2, \cdots, y_N)^{\mathrm{T}}$。注意，均匀分布函数仅在有界区域是非零的，为了表达简洁，这里省略了其中的指示函数。

　　考虑平滑约束，f 的先验可以写成：

$$p(f) \propto \mathrm{e}^{-\frac{\lambda}{2}\|f\|_H^2} \qquad (8.2)$$

式中，$\lambda > 0$ 是正则化参数；$\|\cdot\|_H$ 是 RKHS（$\boldsymbol{H}$）中的范数。

　　在给定似然概率式（8.1）和先验式（8.2）的条件下，可以利用贝叶斯准则

$p(\boldsymbol{\theta}|\boldsymbol{X},\boldsymbol{Y}) \propto p(\boldsymbol{Y}|\boldsymbol{X},\boldsymbol{\theta})p(f)$ 来估计后验分布 $p(\boldsymbol{\theta}|\boldsymbol{X},\boldsymbol{Y})$。为估计 $\boldsymbol{\theta}$ 的最优值，可依据最大后验概率估计（maximum posterior probability，MAP）得到 $\boldsymbol{\theta}^*$：

$$\boldsymbol{\theta}^* = \arg\max_{\boldsymbol{\theta}} p(\boldsymbol{Y}|\boldsymbol{X},\boldsymbol{\theta})p(f) \tag{8.3}$$

其中，$\boldsymbol{\theta}^*$ 对应于真实 $\boldsymbol{\theta}$ 的估计值，由此可以得到向量场 f。

　　VFC 算法基于 EM 框架对问题进行求解。在算法收敛后，通过隐变量来确定样本是内点还是离群点。此外，对于 f，可以采用稀疏近似实现快速估计。这一过程能显著降低计算复杂度，从三次方降到线性，而且不影响匹配精度。图 8.5 展示了一个典型的示例。首先，所有样本均假定为内点；经过几次迭代后，一些样本被辨别为离群点；在算法收敛后，能够识别出所有的离群点。

初始对应

初始化

迭代 1 次

迭代 5 次

汇聚

最终对应

图 8.5　基于 VFC 算法误匹配消除的迭代过程

线条表示样本属于内点。为了可视性，第一幅图像中只显示了 50 个随机选择的匹配

8.4　实验结果及分析

　　为了验证基于 CNN 特征提取的图像相似度，基于 VFC 的粗几何校验，以及清晰度度量，在 air-ground 匹配数据集上进行了实验。该数据集中的空中图像由

微型飞行器（MAV）采集。实验在英特尔 i7-5500UCPU@2.40 GHz 的计算机上进行。所有代码均用 C++ 实现。此外，使用地面机器人进行室内导航来测试整个拓扑建图和导航方法。

8.4.1　CNN 特征的图像相似性比较

对于 CNN-F 结构，输入图像的大小被调整为 224 像素×224 像素。第一卷积层中的 4 像素步长保证了快速处理。个人计算机需要耗时约 4 ms。

从 air-ground 匹配数据集中随机地选择几帧作为检索图像，并在此帧之前查找最相似的图像作为检索结果图像，见图 8.6。从结果可以看出，检索结果包含了外观相似的图像。这些候选图像需要通过 VFC 算法进一步几何校验。

(a) 寻找第39帧最相似的图像帧

(b) 寻找第95帧最相似的图像帧

图 8.6　CNN 特征在两个样本上通过图像检索进行验证
左上角的图像是检索图像。从左到右，从上到下为通过与待检索图像的相似性进行排序的图像检索结果。左下角的数字是视频中的帧索引

8.4.2　清晰度度量

为了避免模糊图像被选择为关键帧，在建图过程中计算每个捕获帧的清晰度。图 8.7 展示了同一场景中两幅图像的清晰度比较。图 8.7（a）是一幅清晰的图像，图 8.7（b）是包含运动模糊的图像。这两幅图像的清晰度分别为 0.605 和 0.548。可以看出，清晰度的相对值与图像质量是一致的。

本书还进行了一个仿真实验。给定图 8.7（a）中的清晰图像，添加具有不同长度 λ 的水平模糊核的运动模糊。运动模糊核中长度 λ 较大意味着模糊更严重。清晰度和模糊核长度之间的关系如图 8.8 所示，可以看到，清晰度相对于模糊核的长度几乎呈单调减小的趋势。实验结果表明，清晰度度量与图像的模糊度是一致的。

(a) 清晰度为0.605的清晰图像   (b) 清晰度为0.548的略模糊图像

图 8.7   包含相同内容的两帧

优选清晰图像图 8.7（a）作为关键帧

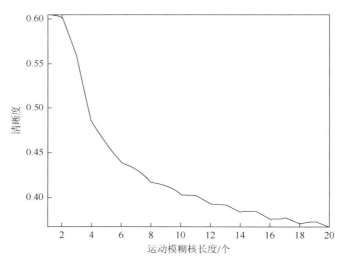

图 8.8   运动模糊核长度与清晰度关系

8.4.3   ORB 特征提取效率

为了验证 ORB 特征提取的效率，在数据集上对平均运行时间进行了实验。表 8.1 展示了 SIFT、SURF 和 ORB 的性能比较。显然，ORB 比 SIFT 和 SURF 更高效。

表 8.1   **SIFT、SURF 和 ORB 的平均运行时间比较**   单位：ms

算法	SIFT	SURF	ORB
特征提取	318	36	15
特征匹配	95	1	1

8.4.4　VFC 的几何验证

给定一个检索图像，首先利用 CNN 特征获得一些候选图像，然后进一步对其进行几何验证。本实验中利用 CNN 特征检索的前 4 幅图像用于几何验证。对于每一幅需要几何验证的图像，首先根据检索图像构建其初始匹配关系，然后采用 VFC 算法以消除错误匹配。如果正确的匹配大于 30 且内点百分比高于 25%，则表明通过几何验证。如果多幅图像通过验证，则选择具有最大内点数的图像作为最佳匹配。

图 8.9 展示了几何验证的结果。从图 8.9（b）可以看出，第 95 帧的前 4 个相似候选图像是第 94、93、24 和 23 帧。然后用 VFC 算法验证这一帧。从图 8.9 中可以看到，第 94 和 93 帧具有足够的内点（正确匹配）和较高的内点百分比，并且其能通过几何检验。而第 24、23 帧由于内点不足和内点百分比低而未能通过几何检验。详细结果见表 8.2。

(a) 状态1　　　　　　(b) 状态2　　　　　　(c) 状态3　　　　　　(d) 状态4

(e) 状态5　　　　　　(f) 状态6　　　　　　(g) 状态7　　　　　　(h) 状态8

图 8.9　用 VFC 算法对第 95 帧的几何验证

左上角的数字是视频中的帧索引。图 8.9（a）、（c）、（e）、（g）中的线条显示出了内点；图 8.9（b）、（d）、（f）、（h）中的线条显示的是离群点

表 8.2　第 95 帧的几何验证结果

帧数	内点	离群点	内点百分比/%	是否通过验证
第 94 帧	48	31	60.8	是
第 93 帧	31	44	41.3	是
第 24 帧	3	33	8.3	否
第 23 帧	5	31	13.9	否

与 RANSAC 算法相比，VFC 的另一个优点是不需要知道相机的内部参数。实际上，air-ground 匹配数据集不提供内部参数。

8.4.5　拓扑导航

为了验证所提的整个方法的效率和鲁棒性，用地面机器人测试了其性能。实验序列是在办公室环境中采集的。因为包含由天花板灯引起的图像饱和度和由玻璃墙引起的反射，给导航带来了很大的挑战。实验环境的大小约为 15 m×10 m。机器人可以在此环境下成功地完成建图和导航。构建的拓扑图通常包含 50～70 个关键帧，并且不存在严重模糊的关键帧。

表 8.3 中列出了主要模块的时间消耗。很明显，VFC 的引入可以使 RANSAC 算法的速度提升一个数量级（从几百毫秒到几十毫秒）。

表 8.3　耗时　　　　　单位：ms

模块功能	计算时间
CNN 特征提取	4
清晰度测量	1
ORB 特征提取	15
ORB 特征匹配	1
VFC	2～4
位置识别/重新定位	1

本章改进了拓扑建图和导航的效率与鲁棒性。为实现这一目标，利用了强大的 CNN 特征、非刚性特征匹配、ORB 特征提取和清晰度度量。第一，将 CNN 特

征作为整体图像的表征。其为度量图像间的相同内容提供了良好的标准，并且在严重的运动模糊和较大的光照变化条件下具有较强的鲁棒性。第二，采用非刚性匹配法进行高效的几何检验。第三，采用清晰度测量来选择合适的关键帧。实验结果证明了所提方法的有效性。

第9章 视 觉 归 巢

9.1 概 述

在第 8 章中主要研究了机器人拓扑导航，提高了拓扑建图与导航的效率与鲁棒性，而视觉归巢是一种特定类型的导航方式，是许多相关应用中的关键组成部分。例如，机器人定位和拓扑图中节点之间的导航。视觉归巢的目标是将机器人从任意位置返回到其参考起始位置。本章主要研究基于稀疏运动流的鲁棒插值视觉归巢。

近年来提出了许多视觉归巢方法。这些方法通常分为整体方法和对应方法。Möller 等（2010，2006）给定当前位置和参考归巢位置处的图像对，将一幅图像变换，生成与另一幅图像最相似的图像来进行整体归巢。通过所有运动参数搜索最小距离，可以得到归巢向量和两幅图像之间的方向差。

对应方法采用稀疏特征对应。早期的对应方法假设地标的位置和对应关系是已知的。但是这种方法需要放置人工地标来改变环境以便可靠地运行。为了实现更实际的视觉归巢方法，最近提出的对应方法将从图像中提取的关键点作为地标，然后采用与关键点相关联的描述子建立关键点对应关系。Ramisa 等（2011）提出将平均地标向量（average landmark vector，ALV）和特征点自动组合以进行视觉归巢。在视觉归巢的对应方法中，存在的错误匹配会大大降低视觉归巢的性能。Schroeter 等（2008）已经证实，视觉归巢方法的鲁棒性主要由错误对应的存在与否及其数量决定。为了弥补错误匹配造成的性能退化，通常采用一些启发式的方法来消除误匹配。Liu 等（2013）采用一种有效的 RANSAC 算法来消除误匹配。

本章提出了一种基于误匹配消除和运动流插值的视觉归巢方法。插值运动流可用于识别内点，并且从运动流中提取的奇点可用于确定归巢方向。

9.2 全景运动流的平滑先验

9.2.1 运动流的平滑性

经验证明，稠密光流在整个图像平面上变化平滑。本章研究稀疏运动流的平滑先验。首先，对于运动流样本，明确平滑度的准确定义。

假设给定一组运动流样本 $S = \{(\boldsymbol{x}_i, \boldsymbol{y}_i)\}_{i=1}^{N}$，其中 $\boldsymbol{x}_i$ 是图像平面中的位置，$\boldsymbol{y}_i$ 是与其相关联的运动矢量。为了度量向量场样本的平滑度，可以将最小二乘法来估计最适合给定样本的最佳向量值函数。在本章中，将向量值函数的范数作为运动流样本的光滑性度量。

在该定义中，将向量值函数限定在 RKHS 内。选择 RKHS 是因为其具有较大的函数空间，同时具备一些良好的性能，可保证计算效率。因为这些优点，RKHS 在机器学习领域得到了广泛的应用，如支持向量机（support vector machine，SVM）和核最小二乘（kernel least squares，KLS）。首先给出 KLS 拟合的公式，然后在此基础上定义平滑度度量。

定义 9.1 KLS 拟合：假设给定 N 个运动流样本 $S = \{(\boldsymbol{x}_i, \boldsymbol{y}_i)\}_{i=1}^{N}$，并且 $K(\cdot, \cdot)$ 是与 RKHS 相关联的核。$\boldsymbol{K}$ 是由运动流样本 S 和核函数计算得到的 $N \times N$ 的格拉姆矩阵。在最小二乘意义上，该 RKHS 中对 S 拟合最优的向量值函数 $f(\boldsymbol{x})$，由式（9.1）确定：

$$\min_{f} \sum_{i=1}^{N} \| \boldsymbol{y}_i - f(\boldsymbol{x}_i) \|_2^2 + \lambda \| f \|_K^2 \tag{9.1}$$

式中，λ 是避免过拟合的正则化参数。

向量值表示定理保证最优向量值函数可以写成

$$f(\boldsymbol{x}) = \sum_{i=1}^{N} K(\boldsymbol{x}, \boldsymbol{x}_i)[c_1^{(i)}, c_2^{(i)}] \tag{9.2}$$

式中，c_1 和 c_2 是 N 维向量，而上标 i 表示向量的第 i 个分量。经过一些代数运算，原目标函数式（9.1）可以等价地转换为

$$\min_{\boldsymbol{c}_1, \boldsymbol{c}_2} \| \boldsymbol{K} \cdot \boldsymbol{c}_1 - \boldsymbol{y}^{(1)} \|_2^2 + \lambda \boldsymbol{c}_1^{\mathrm{T}} \boldsymbol{K} \boldsymbol{c}_1 + \| \boldsymbol{K} \cdot \boldsymbol{c}_2 - \boldsymbol{y}^{(2)} \|_2^2 + \lambda \boldsymbol{c}_2^{\mathrm{T}} \boldsymbol{K} \boldsymbol{c}_2 \tag{9.3}$$

这里，$\boldsymbol{y}^{(j)}$ 是由 $\{\boldsymbol{y}_i\}$ 的所有第 j 个元素组成的 N 维向量，即 $\boldsymbol{y}^{(j)} = [y_1^{(j)}, y_2^{(j)}, \cdots, y_N^{(j)}]$。因此，最优变量具有闭合形式的解：

$$\begin{cases} \boldsymbol{c}_1 = (\boldsymbol{K} + \lambda \boldsymbol{I})^{-1} \cdot \boldsymbol{y}^{(1)} \\ \boldsymbol{c}_2 = (\boldsymbol{K} + \lambda \boldsymbol{I})^{-1} \cdot \boldsymbol{y}^{(2)} \end{cases} \tag{9.4}$$

式（9.1）～式（9.4）是 KLS 拟合问题的向量值形式。其标量形式在机器学习领域中已经得到了广泛的研究。

定义 9.2 流场样本的粗糙度：给定流场样本 S 和核函数 $K(\cdot, \cdot)$，并假设 $f(\boldsymbol{x})$ 是定义 9.1 中估计的最优函数，则 S 的粗糙度定义为 RKHS 中 $f(\boldsymbol{x})$ 的归一化范数：

$$\text{roughness}(S, \lambda) \triangleq \frac{1}{\sqrt{N}} \| f \|_K = \sqrt{\frac{1}{N} (\boldsymbol{c}_1^{\mathrm{T}} \boldsymbol{K} \boldsymbol{c}_1 + \boldsymbol{c}_2^{\mathrm{T}} \boldsymbol{K} \boldsymbol{c}_2)} \tag{9.5}$$

粗糙度的定义基于以下观察：如果运动流简单且变化平稳，则可以使用简单的基

函数组合来适当地近似。相反，如果运动流复杂并且急剧变化，则需要复杂的基函数组合才能保证良好的相似性。因此，合成组合系数的范数能合理度量运动流复杂性。

9.2.2　平滑先验的验证

对于合成运动流，提出基于粗糙度的平滑先验。在实验中提供了更多真实图像的结果。在粗糙度的定义中，核函数 $K(\cdot,\cdot)$ 反映了两个输入样本之间的相似性。采用 RBF 来定义：

$$K(\boldsymbol{x}_i, \boldsymbol{x}_j) = \exp[-\beta \cdot \mathrm{dist}^2(\boldsymbol{x}_i, \boldsymbol{x}_j)] \tag{9.6}$$

式中，x_i 和 x_j 是全景图像中的柱坐标，β 是传播参数。x 中的第一和第二分量分别为水平和垂直角度。由于所关心的是全景图像的视觉归巢，所以很自然地在柱面上定义距离函数：

$$\mathrm{dist}^2(\boldsymbol{x}_i, \boldsymbol{x}_j) = \{\mathrm{angleDiff}\,[\boldsymbol{x}_i^{(1)}, \boldsymbol{x}_j^{(1)}]\}^2 + \{\mathrm{angleDiff}\,[\boldsymbol{x}_i^{(2)}, \boldsymbol{x}_j^{(2)}]\}^2 \tag{9.7}$$

式中，angleDiff 是一个计算角度差的函数，范围限定在 $[-\pi, \pi]$。

为了验证平滑先验，构造两个合成场景。在图 9.1（a）中，场景是一个单位球体。在图 9.1（b）中，场景是长方体。在这两种情况下，全景摄像机都设置在场景中心，摄像机的运动仅包含纯粹的平移。这两个场景在 9×16 网格中产生的运动流如图 9.1（c）和（d）所示，其中横坐标表示 360° 旋转一周量化后像素对应的归一化方位，纵坐标表示垂直地面方向图像像素对应的归一化方位。

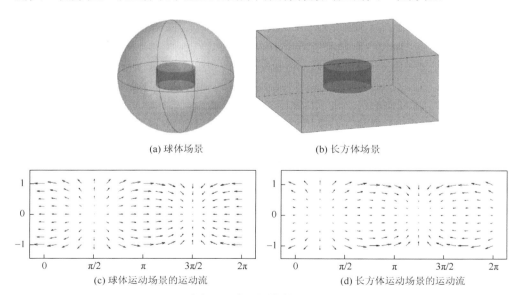

(a) 球体场景　　　　　　　　　　(b) 长方体场景

(c) 球体运动场景的运动流　　　　　(d) 长方体运动场景的运动流

图 9.1　全景图像的运动流

图 9.1（a）、（b）中圆柱体表示全景摄像机

为了研究在有离群点情况下粗糙度的变化，在运动流中随机选择一些样本，并将其运动向量变换成图像平面上的随机位置。对于每个离群点，重复实验 100 次。下面绘制具有误差条的粗糙度均值。图 9.2（a）展示了球体场景中粗糙度随离群点个数的变化规律。可以看到，即使是 2 个离群点（1.4%）也能使粗糙度增加到 6 倍。对于长方体场景，图 9.2（b）证明了 2 个离群点（1.4%）可使粗糙度增加到 3.4 倍。可以得出结论，没有离群点的运动流比有离群点的运动流的粗糙度要小得多。因此，平滑度量是判断离群点存在数量的一个良好指标，这种现象称为平滑先验。另外，还测试了不同的场景、核函数的正则化参数 λ 和传播参数 β，结果与图 9.2 类似。

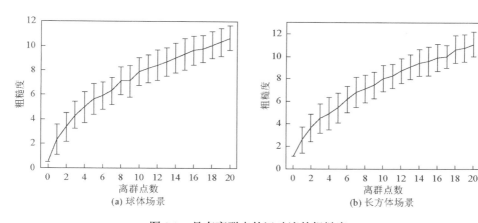

图 9.2　具有离群点的运动流的粗糙度

9.3　基于平滑先验的关键点匹配和视觉归巢

视觉归巢的对应方法的性能取决于关键点匹配的精度。然而，由关键点构造的初始匹配不可避免地存在错误匹配。经典的 RANSAC 算法依赖于参数化模型，但这些模型很难用于全景图像。所以在这种情况下，需要不依赖于几何模型的匹配方法。

从 9.2 中可以看到：①运动流满足平滑先验；②错误匹配可严重降低平滑度。在以前的工作中，已经提出一种 VFC 的误匹配剔除方法。基于类似的想法，本章利用这些特性提出用于全景图像的误匹配剔除方法。

9.3.1　全景图像对诱导的运动流

假定匹配由 (u_i, u_i') 组成，其中 u_i 和 u_i' 是图像对中两个匹配点的图像坐标。匹配诱导的运动向量可以通过变换 $(u_i, u_i') \rightarrow (x, y)$ 来计算，其中 $x = u_1$，$y = u_i' - u_i$。

　　图 9.3 展示了误匹配剔除和鲁棒向量场插值之间的关系。如图 9.3（a）所示，蓝线和红线分别表示正确匹配与错误匹配。在向量场插值的上下文中，正确匹配称为内点，错误匹配称为离群点。首先将匹配转换为流场样本，如图 9.3（b）所示。每个箭头的头部和尾部对应于两幅图像中特征点的位置，内点集如图 9.3（c）所示。图 9.3（b）中所有样本的粗糙度为 6.50，而图 9.3（c）中内点的粗糙度为 0.19。

(a) 假定匹配

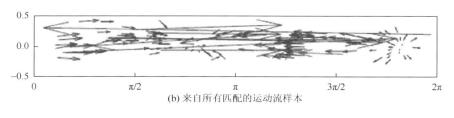

(b) 来自所有匹配的运动流样本

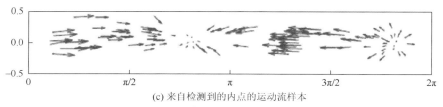

(c) 来自检测到的内点的运动流样本

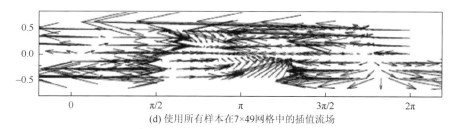

(d) 使用所有样本在7×49网格中的插值流场

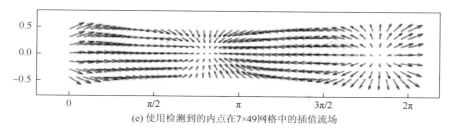

(e) 使用检测到的内点在7×49网格中的插值流场

图 9.3 误匹配剔除和鲁棒的运动流插值（后附彩图）

图 9.3（d）和（e）分别展示了来自所有样本和内点的插值向量场。图 9.3（d）中的向量场倾向于过拟合离群点，导致其过于复杂。因此，如何使用含有离群点的样本来估计潜在的平滑运动流，并自动地将离群点与内点分开，一直是一个挑战。

9.3.2 基于平滑先验的内点检测公式化

基于 L_2 范数损失和 KLS 拟合定义粗糙度。从贝叶斯的角度来看，L_2 范数损失对应于高斯噪声，并且对离群点非常敏感。为了改进 KLS 拟合，将噪声模拟为高斯噪声和均匀分布的混合模型。下面假设，在不失一般性的前提下，对于内点，噪声是具有零均值和各向同性标准偏差 σ 的高斯噪声。对于离群点，输出的观测值可出现在整个图像平面内。换句话说，假定离群点服从均匀分布 $1/a$，其中 a 是图像平面的面积。令 γ 为未知的内点的百分比。因此，样本似然概率是高斯分布和均匀分布的混合模型：

$$p(\boldsymbol{y}_n \mid \boldsymbol{x}_n, \boldsymbol{\theta}) = \frac{\gamma}{2\pi\sigma^2} \exp\left[-\frac{\|\boldsymbol{y}_n - f(\boldsymbol{x}_n)\|^2}{2\sigma^2}\right] + \frac{1-\gamma}{a} \qquad (9.8)$$

式中，$\boldsymbol{\theta} = \{f, \sigma^2, \gamma\}$ 是未知参数集。

设 $\boldsymbol{X}_{N\times 2}$ 和 $\boldsymbol{Y}_{N\times 2}$ 分别是由所有 $\boldsymbol{x}_n$ 和 $\boldsymbol{y}_n$ 组成的矩阵。假定样本独立同分布，所有样本的概率分布为

$$p(\boldsymbol{Y} \mid \boldsymbol{X}, \boldsymbol{\theta}) = \prod_{n=1}^{N} p(\boldsymbol{y}_n \mid \boldsymbol{x}_n, \boldsymbol{\theta}) \qquad (9.9)$$

考虑到平滑约束，f 的先验可以写成

$$p(f) \propto \mathrm{e}^{-\lambda\|f\|_K^2} \qquad (9.10)$$

式中，$\lambda > 0$ 是正则化参数。

给定似然概率式（9.9）和先验式（9.10），后验分布 $p(\boldsymbol{\theta} \mid \boldsymbol{X}, \boldsymbol{Y})$ 可以通过贝叶斯定理来估计：

$$p(\boldsymbol{\theta} \mid \boldsymbol{X}, \boldsymbol{Y}) \propto p(\boldsymbol{Y} \mid \boldsymbol{X}, \boldsymbol{\theta}) p(\boldsymbol{f})$$

为了估计最优解 θ，采用最大后验概率估计（maximum posteriori probability estimation，MAPE）：

$$\boldsymbol{\theta}^{*} = \arg\max_{\theta} p(\boldsymbol{Y} \mid \boldsymbol{X}, \boldsymbol{\theta}) p(\boldsymbol{f}) \qquad (9.11)$$

式中，$\boldsymbol{\theta}^{*}$ 对应 $\boldsymbol{\theta}$ 的最优估计值。

式（9.11）本质上是包含离群点的 KLS 拟合。如果假定所有的样本点都是内点（即 $\gamma = 1$）并且噪声水平 σ 是已知的，那么可以验证式（9.8）与式（9.1）是相同的。

9.3.3　基于平滑先验的内点检测实现

在 EM 框架下求解式（9.11）。EM 的两个步骤交替进行：在 E 步中，根据向量场 f 的当前最佳估计来计算每个样本属于内点的概率。在 M 步中，基于 E 步中计算结果估计向量场 f 的最大似然解。M 步在已知后验概率的前提下实现向量场插值。EM 迭代采用标准算法，这里省略详细的推导过程。有关 EM 的更多细节可参考 Bishop（2006）的教材。

E 步：内点的对应关系 (x_n, y_n) 的后验概率 p_n 更新为

$$p_n = \frac{\gamma e^{-\frac{\|y_n - f(x_n)\|^2}{2\sigma^2}}}{\gamma e^{-\frac{\|y_n - f(x_n)\|^2}{2\sigma^2}} + (1-\gamma)\dfrac{2\pi\sigma^2}{a}} \qquad (9.12)$$

M 步：在 M 步的更新中，$f(\boldsymbol{x})$ 具有与式（9.2）相同的形式，为

$$f(\boldsymbol{x}) = \sum_{i=1}^{N} K(\boldsymbol{x}, \boldsymbol{x}_i)[c_1^{(i)}, c_2^{(i)}] \qquad (9.13)$$

并且系数 c_1 和 c_2 更新为

$$\begin{cases} \boldsymbol{c}_1 = (\boldsymbol{K} + \lambda\sigma^2 \boldsymbol{P}^{-1})^{-1} \cdot \boldsymbol{y}^{(1)} \\ \boldsymbol{c}_2 = (\boldsymbol{K} + \lambda\sigma^2 \boldsymbol{P}^{-1})^{-1} \cdot \boldsymbol{y}^{(2)} \end{cases} \qquad (9.14)$$

σ^2 和 γ 更新为

$$\sigma^2 = \frac{\mathrm{tr}[(\boldsymbol{Y} - \boldsymbol{V})^{\mathrm{T}} \boldsymbol{P} (\boldsymbol{Y} - \boldsymbol{V})]}{2\mathrm{tr}(\boldsymbol{P})} \qquad (9.15)$$

$$\gamma = \frac{\text{tr}(\boldsymbol{P})}{N} \tag{9.16}$$

式中，$\boldsymbol{P} = \text{diag}(p_1, p_2, \cdots, p_N)$ 是一个对角矩阵；$\boldsymbol{V} = [f(x_1)f(x_2), \cdots f(x_N)]$；$\text{tr}(\cdot)$ 表示矩阵的迹。

在 EM 收敛后，将对应关系概率大于 0.5 的样本作为内点，否则，视为离群点。即根据以下标准获得内点集：

$$I = \left\{ (\boldsymbol{x}_n, \boldsymbol{y}_n) \mid p_n \geqslant 0.5, n = 1, 2, \cdots, N \right\} \tag{9.17}$$

在获得内点集之后，采用 KLS 拟合来计算粗糙度并进行运动流插值。

算法 9.1 介绍了内点检测和运动流插值算法。

算法 9.1　内点检测和运动流插值算法

输入　运动流样本 $S = \{(\boldsymbol{x}_n, \boldsymbol{y}_n)\}_{n=1}^{N}$，核函数 $K(\cdot, \cdot)$，正则化参数 λ

输出　运动流 $f(\boldsymbol{x})$，内点集 $\mathscr{I}$

设 a 为输出空间的面积。

初始化 $\boldsymbol{P} = \boldsymbol{I}_{N \times N}, \mathbf{c}_1 \leftarrow \mathbf{0}, \boldsymbol{V} \leftarrow \mathbf{0}$。

用式（9.15）初始化 σ^2。

初始化 $\gamma \leftarrow 0.9$。

采用核函数式（9.6）定义构造核矩阵 $\boldsymbol{K}$。

迭代

　　用式（9.12）更新 $\boldsymbol{P} = \text{diag}(p_1, p_2, \cdots p_N)$；

　　用式（9.13）、式（9.14）更新 $f(\boldsymbol{x})$、$\boldsymbol{c}_1$ 和 $\boldsymbol{c}_2$；

　　用式（9.15）、式（9.16）更新 σ^2 和 γ。

直到满足收敛或停止标准。

运动流 $f(\boldsymbol{x})$ 由式（9.13）确定。

内点集 I 由式（9.17）确定。

快速算法：EM 迭代可在几十次迭代中实现收敛，将迭代次数固定为 20。所提出的算法耗时最长的步骤是使用式（9.14）更新向量值函数 $f(\boldsymbol{x})$。时间复杂度为 $O(N^3)$，并且可能在 N 的值比较大时带来严重的问题。在本章中，采用基于稀疏近似的方法快速实现，该方法具有线性时间复杂度。

参数初始化：所提算法包含两个参数（核函数的传播参数 β 和正则化参数 λ）。这两个参数都反映了平滑约束的程度。核函数中的参数 β 确定样本之间作用范围的宽度。参数 λ 控制数据的拟合程度和解的平滑性之间的权衡。在实践中发现所提方法对参数不太敏感。本章将参数设置为 $\beta = 1$ 和 $\lambda = 0.01$。

9.3.4　基于运动流的奇点进行视觉归巢

Möller 等（2006）在文献中已经表明全景图像的运动流具有两个奇点。这两个奇点对应于 FOE 和 FOC，并且在全景图像中以弧度 π 分隔。以图 9.3（e）中的插值运动流为例子，两个奇点分别是 FOE（1.8π，0）和 FOC（0.8π，0）。

FOE 和 FOC 在许多应用中发挥着重要的作用，如视觉导航中接触时间的估计和场景三维重建。FOE 和 FOC 也对应于归巢方向。Churchill 等（2013）通过检测 SIFT 特征相对于其在参考归巢图像中是否已经发生尺度变化来粗略地定位这两个奇点。

本章提出一种采用插值运动流来确定 FOE 和 FOC 的方法。式（9.13）形式的运动流 $f(x)$ 是剔除误匹配获得的副产品。求奇点的精确解没有闭合解。相反，可以利用数值方法来寻找解决方案。下面采用一种简单的策略来寻找近似解。注意到 $f(x)$ 是运动流，其中 x 是图像平面中的柱面坐标，表示为 $x=(\theta,\varphi)$，θ 和 φ 分别是水平坐标和垂直坐标。因为 FOE 和 FOC 应该位于水平线 $\varphi=0$ 中，所以定义一维函数：

$$g(\theta)\triangleq f([\theta,0]),\theta\in[0,2\pi] \tag{9.18}$$

由于函数 $g(\theta)$ 是连续且可微分的，奇点对应于左右邻域具有不同符号的点。正式定义如下。

定义 9.3　FOE：FOE θ_{FOE} 满足以下条件：① $g(\theta_{FOE})=0$；②存在 $\varepsilon>0$ 满足对任何 θ 在 θ_{FOE} 的左 ε-邻域时 $g(\theta)<0$，并且对任何 θ 在 θ_{FOE} 的右 ε-邻域时 $g(\theta)>0$。

定义 9.4　FOC：FOC θ_{FOC} 满足以下条件：① $g(\theta_{FOC})=0$；②存在 $\varepsilon>0$ 满足对任何 θ 在 θ_{FOC} 的左 ε-邻域时 $g(\theta)>0$，并且对任何 θ 在 θ_{FOC} 的 ε-右邻域时 $g(\theta)<0$。

采用由粗到精的网格搜索来查找所有满足 $g(\theta^*)=0$ 的 θ^* 值。该策略可以找到任意精度的解。然后使用 θ^* 附近的样本来确定其是 FOE 还是 FOC。

在视觉归巢中，通常所有的全景图像经过预处理后都具有相同的方向，于是归巢方向 θ_{homing} 为

$$\theta_{homing}=\theta_{FOC} \tag{9.19}$$

或者

$$\theta_{homing}=\theta_{FOE}+\pi \tag{9.20}$$

通常，弧度 π 并不能将计算出的 θ_{FOC} 和 θ_{FOE} 精确分开。实验结果表明，式（9.19）和式（9.20）两种计算方法的性能之间没有显著的差异。本章用 FOE 来确定归巢方向。

9.4 实验结果及分析

9.4.1 实验设置

为了验证视觉归巢性能，在全景图像数据库上进行了相关试验。该数据集在视觉归巢研究中应用十分广泛。其包含了室内环境中全向和展开图像的集合，以及图像采集位置的地真。数据集包括多个场景，收集的图像分辨率为 561 像素×81 像素、583 像素×81 像素或 295 像素×41 像素。相邻采集图像的间隔均为 30 cm。

采用开源的 VLFeat 工具箱提取 SIFT 特征并确定初始匹配。此数据集中的图像分辨率较低，因此采用 SIFT 中的默认参数无法检测到足够的特征点。本章改变了两个默认参数来解决该问题：①每个八度层数从默认值 3 增加到 6，以产生更多的匹配；②在构建初始匹配时，距离比阈值 t 定义为第二最近邻和最近邻的欧几里得距离的比值，将 t 从默认值 1.5 增加到 1.666 以提高匹配精度。

比较方法包括 Churchill 等（2013）提出的尺度空间归巢（homing in scale space，HiSS）和 Liu 等（2013b）提出的视觉伺服（visual servoing，VS）。Liu 等（2013b）提出了四种归巢方法变体：纯方位视觉伺服（bearing-only visual servoing，BOVS）、纯尺度视觉伺服（scale-only visual servoing，SOVS）、尺度和方位视觉伺服（scale and bearing visual servoing，SBVS）、简化的基于尺度视觉伺服（simplified scale-based visual servoing，SSVS）。根据评估结果，SSVS 由于其优越的性能和效率而成为首选。因此这里只提供 SSVS 的结果。

表 9.1～表 9.3 中分别用总体平均角误差（total average angular error，TAAE）、最小误差、最大误差和变化误差来评估归巢的性能。对于所有指标，较小的值表示结果更好。

表 9.1　HiSS 视觉归巢误差　　　单位：（°）

数据集	初始匹配				去误配后的结果			
	平均角误差	最小误差	最大误差	变化误差	平均角误差	最小误差	最大误差	变化误差
AloriginalH	14.67	8.05	36.40	5.42	14.27	7.94	29.77	4.87
CHall1H	11.69	8.05	18.84	1.81	10.70	7.01	15.75	1.58
CHall2H	15.75	10.53	27.59	2.92	14.60	10.05	25.69	2.74
KitchenH	21.76	12.86	47.62	6.36	21.11	12.71	44.33	5.98
Roeben1H	28.95	10.96	61.07	12.27	27.81	9.70	57.40	12.34

表 9.2　SSVS 视觉归巢误差　　　　　　　　　单位：（°）

数据集	初始匹配				去误配后的结果			
	平均角误差	最小误差	最大误差	变化误差	平均角误差	最小误差	最大误差	变化误差
AloriginalH	12.59	6.50	28.36	4.17	11.22	6.14	25.39	3.66
CHall1H	15.94	10.79	28.84	3.32	10.50	7.49	16.51	1.68
CHall2H	24.69	12.46	55.16	7.22	17.55	11.39	29.68	3.80
KitchenH	24.29	13.75	51.65	7.10	19.81	11.32	41.04	5.95
Roeben1H	26.70	8.99	64.64	12.82	24.70	8.21	59.58	12.17

表 9.3　所提方法视觉归巢误差　　　　　　　　　单位：（°）

数据集	平均角误差	最小误差	最大误差	变化误差
AloriginalH	7.78	3.06	26.70	4.75
CHall1H	7.27	3.67	16.80	2.46
CHall2H	13.89	7.42	29.24	4.31
KitchenH	20.10	11.94	42.05	5.90
Roeben1H	24.52	8.33	60.07	12.09

　　将 AloriginalH 数据集的位置（5，8）作为参考归巢位置，图 9.4（a）～（e）显示了从其他图像中计算出的归巢向量。数据集的每个位置的 AAE 如图 9.4（f）～（j）所示。从实验中可以看出，所提出的误匹配剔除方法可以改进处于领先水平的视觉归巢方法。对于归巢位置，所提的归巢方法可以提供更精确的归巢向量。

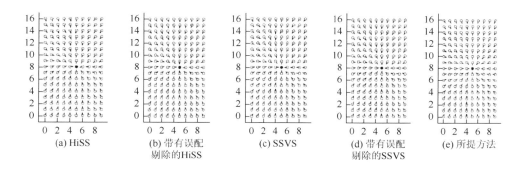

(a) HiSS　　(b) 带有误配剔除的HiSS　　(c) SSVS　　(d) 带有误配剔除的SSVS　　(e) 所提方法

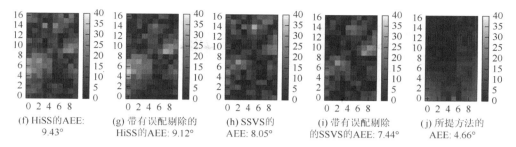

(f) HiSS的AEE: 9.43°　(g) 带有误配剔除的 HiSS的AEE: 9.12°　(h) SSVS的 AEE: 8.05°　(i) 带有误配剔除 的SSVS的AEE: 7.44°　(j) 所提方法的 AEE: 4.66°

图 9.4　数据集 AIoriginalH 中的参考网格位置（5, 8）处归巢向量和误差分析

图 9.4（a）～（e）为归巢向量。每幅图中的实心圆是归巢的位置。图 9.4（f）～（j）为每个位置的 AAE

9.4.2　实验结果

在图 9.5 中示意性地展示了典型图像对的匹配结果和插值运动流。显然，初始匹配中的所有内点和离群点都被正确区分。插值运动流、FOE 和 FOC 与实际运动流基本一致。

所有方法在数据集上的归巢向量误差如表 9.3 所示。初始匹配指使用初始 SIFT 匹配；去误配后的结果指使用所提误匹配剔除方法保留 SIFT 匹配；所提方法为通过在插值运动流中定位 FOE/FOC 来实现视觉归巢。可以看到，因为所提的误匹配剔除方法可以产生更精确的匹配结果，所以其能够持续改进其他处于领先水平的视觉归巢方法。此外，所提的通过在插值运动流中定位 FOE/FOC 的视觉归巢方法可以产生更好的或相当的结果。

实验在英特尔 i7-5500UCPU@2.40 GHz 的计算机上进行。所提方法用 MATLAB 代码实现。对于误匹配剔除，所提方法需要 0.3～2 ms。为了定位 FOE/FOC，未优化（未完全向量化）的 MATLAB 代码实现大约需要 10 ms。

为了验证平滑先验，采用匹配来估计运动流的粗糙度。在这种情况下，构建所有图像和参考归巢图像之间的匹配。对于每个图像对，采用所有匹配和仅内点来估计粗糙度。粗糙度直方图如图 9.6 所示。黑色直方图对应的是仅采用内点匹

(a) 由所提方法区分的内点和离群点

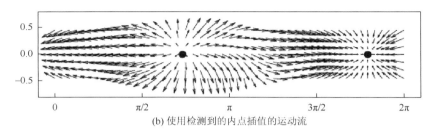

(b) 使用检测到的内点插值的运动流

图 9.5　误匹配剔除和插值运动流（后附彩图）

图 9.5（a）中蓝线为内点，红线为离群点。黑点是局部 FOC 和 FOE。横坐标表示 360°旋转一周量化后像素对应
的归一化方位，纵坐标表示垂直地面方向图像像素对应的归一化方位

配的运动流的粗糙度，而灰色直方图对应的是使用所有匹配的运动流的粗糙度。可以看出，由内点引入的运动流的粗糙度要小得多。

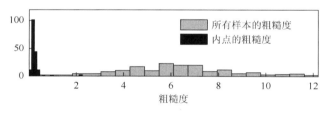

图 9.6　粗糙度直方图

　　本章提出了一种基于稀疏运动流的鲁棒插值视觉归巢方法。为了实现这一目标，首先构建了 SIFT 特征对应关系，并在其诱导运动流之前提出了平滑先验。然后基于该先验提出了一种误匹配剔除方法。稠密运动流可以作为误匹配剔除的副产品，并采用其 FOE 或 FOC 来确定归巢的方向。最后采用一个全景数据集证明了所提视觉归巢方法的有效性。

参 考 文 献

ALAHI A，ORTIZ R，and VANDERGHEYNST P. 2012. Freak：Fast retina keypoint. Proceedings of IEEE Conference on Computer Vision and Pattern Recognition Piscataway, NJ, IEEE.: 510-517.

ALAJLAN N，KAMEL M S，FREEMAN G H. 2008. Geometry-based image retrieval in binary image databases. IEEE Transactions on Pattern Analysis and Machine Intelligence，30（6）：1003-1013.

ANGELI A，DONCIEUX S，MEYER J A，et al. 2008. Incremental visionbased topological SLAM. Proceedings of IEEE/RSJ International Conference on Intelligent Robots and System，Piscataway, NJ, IEEE: 1031-1036.

ATHITSOS V，ALON J，SCLAROFF S. 2004. Boostmap：A method for efficient approximate similarity rankings. Proceedings of IEEE Conference on Computer Vision and Pattern Recognition，Piscataway, NJ, IEEE: II, Vol. 2: 268-275.

BAI X，LATECKI L J，LIU W Y. 2007. Skeleton pruning by contour partitioning with discrete curve evolution. IEEE Transactions on Pattern Analysis and Machine Intelligence，29（3）：449-462.

BAI X，YANG X，LATECKI L J，et al. 2010. Learning context-sensitive shape similarity by graph transduction. IEEE Transactions on Pattern Analysis and Machine Intelligence，32（5）：861-874.

BAR-HILLEL A，HERTZ T，SHENTAL N. 2003. Learning distance functions using equivalence relations. Proceedings of the 20th International Conference on Machine Learning Washington, DC, Elsevier: 11-18.

BAY H，TUYTELAARS T，VAN GOOL L. 2006. Surf：Speeded up robust features. Proceedings of European Conference on Computer Vision，Berlin，Springer：404-417.

BELONGIE S，MALIK J，PUZICHA J. 2002. Shape matching and object recognition using shape contexts. IEEE Transactions on Pattern Analysis and Machine Intelligence，24（4）：509-522.

BESL P J，MCKAY N D. 1992. A method for registration of 3-D shapes. IEEE Transactions on Pattern Analysis and Machine Intelligence，14（2）：239-256.

BISHOP C M. 2006. Pattern Recognition And Machine Learning. Berlin：Springer.

BURNS J B，HANSON A R，RISEMAN E M. 1986. Extracting straight lines. IEEE Transactions on Pattern Analysis and Machine Intelligence，（4）：425-455.

CANNY J. 1986. A computational approach to edge detection. IEEE Transactions on Pattern Analysis and Machine Intelligence，（6）：679-698.

CHEN J，MA J，YANG C，et al. 2014. Mismatch removal via coherent spatial relations. Journal of Electronic Imaging，23 （4）：043012.

CHEN J，MA J，YANG C，et al. 2015b. Non-rigid point set registration via coherent spatial mapping. Signal Processing，106：62-72.

CHUANG G C H, KUO C C J. 1996. Wavelet descriptor of planar curves: Theory and applications. IEEE Transactions on Image Processing, 5 (1): 56-70.

CHUI H, RANGARAJAN A. 2003. A new point matching algorithm for non-rigid registration. Computer Vision and Image Understanding, 89 (2): 114-141.

CHUM O, MATAS J, KITTLER J. 2003. Locally optimized RANSAC. Joint Pattern Recognition Symposium: 236-243.

CHUM O, MATAS J. 2005. Matching with PROSAC-progressive sample consensus. Proceedings of IEEE Conference on Computer Vision and Pattern Recognition, Piscataway, NJ, IEEE: 220-226.

CHURCHILL D, VARDY A. 2013. An orientation invariant visual homing algorithm. Journal of Intelligent and Robotic Systems, 71 (1): 3-29.

DO T, CARRILLO-ARCE L C, ROUMELIOTIS S I. 2018. Autonomous flights through image-defined paths. Robotics Research: 39-55.

DONOSER M, BISCHOF H. 2013. Diffusion processes for retrieval revisited. Proceedings of the IEEE Conference on Computer Vision and Pattern Recognition, Piscataway, NJ, IEEE: 1320-1327.

EGOZI A, KELLER Y, GUTERMAN H. 2010. Improving shape retrieval by spectral matching and meta similarity. IEEE Transactions on Image Processing, 19 (5): 1319-1327.

ERINC G And CARPIN S. 2009. Image-based mapping and navigation with heterogenous robots. Proceedings of IEEE International Conference on Intelligent Robots and Systems, Piscataway, NJ, IEEE: 5807-5814.

FELZENSZWALB P F, HUTTENLOCHER D P. 2006. Efficient belief propagation for early vision. International journal of Computer Vision, 70 (1): 41-54.

FELZENSZWALB P F, SCHWARTZ J D. 2007. Hierarchical matching of deformable shapes. Proceedings of IEEE Conference on Computer Vision and Pattern Recognition, Piscataway, NJ, IEEE: 1-8.

FISCHLER M A, BOLLES R C. 1981. Random sample consensus: A paradigm for model fitting with application to image analysis and automated cartography. Communications of the ACM, 24 (6): 381-395.

FRAUNDORFER F, ENGELS C, NISTér D. 2007. Topological mapping, localization and navigation using image collections. Proceedings of IEEE Conference on Intelligent Robots and Systems, Piscataway, NJ, IEEE: 3872-3877.

GÁLVEZ-LÓPEZ D, TARDÓS J D. 2012. Bags of binary words for fast place recognition in image sequences. IEEE Transactions on Robotics, 28 (5): 1188-1197.

GOEDEMÉ T, NUTTIN M, TUYTELAARS T, et al. 2007. Omnidirectional vision based topological navigation. International Journal of Computer Vision, 74 (3): 219-236.

GOLD S, RANGARAJAN A, LU C P. 1998. New algorithms for 2d and 3d point matching: pose estimation and correspondence. Pattern Recognition, 31 (8): 1019-1031.

GRIGORESCU C, PETKOV N. 2003. Distance sets for shape filters and shape recognition. IEEE Transactions on Image Processing, 12 (10): 1274-1286.

GRIMSON W E L, LOZANO-PEREZ T. 1987. Localizing overlapping parts by searching the interpretation tree. IEEE Transactions on Pattern Analysis and Machine Intelligence, (4): 469-482.

HABER E, MODERSITZKI J. 2006. Intensity gradient based registration and fusion of multi-modal images. Proceedings of International Conference on Medical Image Computing and Computer-Assisted Intervention, Washington, DC, Elsevier: 726-733.

HARRIS C, STEPHENS M. 1988. A combined corner and edge detector. Proceedings of Conference on Alvey Vision, 15 (50): 147-151.

HARTLEY R, ZISSERMAN A. 2003. Multiple view geometry in computer vision. town of *Cambridge*shire, Cambridge University Press.

HE K, ZHANG X, REN S, et al. 2016. Deep Residual Learning for Image Recognition. Proceedings of IEEE Conference on Computer Vision and Pattern Recognition: 770-778.

HE K, GKIOXARI G, DOLLár P, et al. 2017. Mask r-cnn. Proceedings of IEEE Conference on Computer Visision: 2980-2988.

HINTON G E, WILLIAMS K I, REVOW M . 1991. Adaptive elastic models for hand-printed character recognition. San Mateo, CA. Morgan Kaufmann Publishers Inc.

JIAN B, VEMURI B C. 2011. Robust point set registration using gaussian mixture models. IEEE Transactions on Pattern Analysis and Machine Intelligence, 33 (8): 1633-1645.

KIM J, LIU C, SHA F, et al. 2013. Deformable spatial pyramid matching for fast dense correspondences. Proceedings of the IEEE Conference on Computer Vision and Pattern Recognition, Piscataway, NJ, IEEE: 2307-2314.

KRIZHEVSKY A, SUTSKEVER I, HINTON G E. 2012. ImageNet classification with deep convolutional neural networks. Proceedings of Advances in Neural Information Processing Systems.New York, NY. ACM: 1097-1105.

LAVINE D, LAMBIRD B A, KANAI L N. 1983. Recognition of spatial point patterns. Pattern Recognition, 16 (3): 289-295.

LAZARIDIS G, PETROU M. 2006. Image registration using the Walsh transform. IEEE Transactions on Image Processing, 15 (8): 2343-2357.

LI H, CHUTATAPE O. 2004a. Automated feature extraction in color retinal images by a model based approach. IEEE Transactions on Biomedical Engineering, 51 (2): 246-254.

LI H, HARTLEY R. 2004b. A new and compact algorithm for simultaneously matching and estimation. Proceedings of IEEE Conference on Acoustics, Speech, and Signal Processing, Piscataway, NJ. IEEE: iii-5.

LI H, MANJUNATH B S, MITRA S K. 1995. A contour-based approach to multisensor image registration. IEEE Transactions on Image Processing, 4 (3): 320-334.

LI X, HU Z. 2010c. Rejecting mismatches by correspondence function. International Journal of Computer Vision, 89 (1): 1-17.

LING H, JACOBS D W. 2007. Shape classification using the inner-distance. IEEE Transactions on Pattern Analysis and Machine Intelligence, 29 (2): 286-299.

LIU C, YUEN J, Torralba A. 2011. Sift flow: dense correspondence across scenes and its applications. IEEE Transactions on Pattern Analysis and Machine Intelligence, 33: 978-994.

LIU H，YAN L，Chang Y，et al. 2013a. Spectral deconvolution and feature extraction with robust adaptive Tikhonov regularization. IEEE Transactions on Instrumentation and Measurement，62（2）：315-327.

LIU H，YAN S. 2010a. Common visual pattern discovery via spatially coherent correspondences. Proceedings of IEEE Conference on Computer Vision and Pattern Recognition，Piscataway，NJ，IEEE：1609-1616.

LIU M，PRADALIER C，SIEGWART R. 2013b. Visual homing from scale with an uncalibrated omnidirectional camera. IEEE Transactions on Robotics，29（6）：1353-1365.

LIU Z，AN J，JING Y. 2012. A simple and robust feature point matching algorithm based on restricted spatial order constraints for aerial image registration. IEEE Transactions on Geoscience and Remote Sensing，50：514-527.

LONCARIC S. 1998. A survey of shape analysis techniques. Pattern recognition，31（8）：983-1001.

LOWE D G. 2004. Distinctive image features from scale-invariant keypoints. International Journal of Computer Vision，60（2）：91-110.

LOWE D G. 1999. Object recognition from local scale-invariant features. Proceedings of IEEE Conference on Computer Vision，Piscataway，NJ，IEEE：1150-1157.

MÖLLER R，VARDY A. 2006. Local visual homing by matched-filter descent in image distances. Biological Cybernetics，95（5）：413-430.

MÖLLER R，KRZYKAWSKI M，GERSTMAYR L. 2010. Three 2D-warping schemes for visual robot navigation. Autonomous Robots，29（3-4）：253-291.

MA J，ZHAO J，TIAN J，et al. 2013a. Regularized vector field learning with sparse approximation for mismatch removal. Pattern Recognition，46（12）：3519-3532.

MA J，ZHAO J，TIAN J，et al. 2013b. Robust estimation of nonrigid transformation for point set registration. Proceedings of IEEE conference on Computer Vision and Pattern Recognition Piscataway，NJ. IEEE：2147-2154.

MA J，ZHAO J，TIAN J，et al. 2014. Robust point matching via vector field consensus. IEEE Transactions on Image Processing，23（4）：1706-1721.

MA J，ZHOU H，ZHAO J，et al. 2015. Robust feature matching for remote sensing image registration via locally linear transforming. IEEE Transactions on Geoscience and Remote Sensing，53：6469-6481.

MA J，ZHAO J，YUILLE A L. 2016. Non-rigid point set registration by preserving global and local structures. IEEE Transactions on Image Processing，25（1）：53-64.

MARONNA R A，MARTIN R D，YOHAI V J，et al. 2006. Robust statistics. New Jersey，USA，Wiley.

MATAS J，CHUM O，URBAN M，et al. 2004. Robust wide-baseline stereo from maximally stable extremal regions. Image and Vision Computing，22（10）：761-767.

MIKOLAJCZYK K，SCHMID C. 2001. Indexing based on scale invariant interest points. Proceedings of IEEE Conference on Computer Vision，Piscataway，NJ. IEEE：525-531.

MIKOLAJCZYK K，TUYTELAARS T，SCHMID C，et al. 2005. A comparison of affine region detectors. International Journal of Computer Vision，65（1-2）：43-72.

MOKHTARIAN F, ABBASI S, KITTLER J. 1997. Efficient and robust retrieval by shape content through curvature scale space. Series on Software Engineering and Knowledge Engineering, 8: 51-58.

MYRONENKO A, SONG X. 2010. Point set registration: coherent point drift. IEEE Transactions on Pattern Analysis and Machine Intelligence, 32 (12): 2262-2275.

MYRONENKO A, SONG X B, MIGUEL Á. Carreira-Perpiñán. Non-rigid point set registration: Coherent Point Drift[C]// Advances in Neural Information Processing Systems 19, Proceedings of the Twentieth Annual Conference on Neural Information Processing Systems, Vancouver, British Columbia, Canada, December 4-7, 2006. MIT Press, 2006.

NIGAM K, MCCALLUM A K, THRUN S, et al. 2000. Text classification from labeled and unlabeled documents using EM. Machine Learning, 39 (2-3): 103-134.

NISTER D, STEWENIUS H. 2006. Scalable recognition with a vocabulary tree. Proceedings of IEEE Conference on Computer Vision and Pattern Recognition. Piscataway, NJ. IEEE: 2161-2168.

PETRAKIS E G M, DIPLAROS A, MILIOS E. 2002. Matching and retrieval of distorted and occluded shapes using dynamic programming. IEEE Transactions on Pattern Analysis and Machine Intelligence, 24 (11): 1501-1516.

RAGURAM R, FRAHM J M, POLLEFEYS M. 2008. A comparative analysis of RANSAC techniques leading to adaptive real-time random sample consensus. Proceedings of European Conference on Computer Vision, Berlin, Springer: 500-513.

RAMISA A, GOLDHOORN A, ALDAVERT D, et al. 2011. Combining invariant features and the ALV homing method for autonomous robot navigation based on panoramas. Journal of Intelligent and Robotic Systems, 64 (3): 625-649.

RANGARAJAN A, Chui H, MJOLSNESS E. 1997. A robust point-matching algorithm for autoradiograph alignment. Medical Image Analysis, 1 (4): 379-398.

REDMON J, FARHADI A. Yolov3: An incremental improvement. arXiv: 1804.02767, 2018

REZA A M. 2004. Realization of the contrast limited adaptive histogram equalization (CLAHE) for real-time image enhancement, Journal of VLSI Signal Processing Systems, 38 (1): 35-44.

ROSTEN E, DRUMMOND T . Machine learning for high-speed corner detection[J]. Proc.european Conf.comp.vis, 2006, 1: 430-443.

ROUSSEEUW P J, LEROY A M. 2005. Robust regression and outlier detection. New Jersey, USA, John Wiley and Sons.

RUBLEE E, RABAUD V, KONOLIGE K, et al. 2011. ORB: An efficient alternative to SIFT or SURF. Proceedings of IEEE International Conference on Computer Vision. Piscataway, NJ. IEEE: 2564-2571.

SCHROETER D, NEWMAN P. 2008. On the robustness of visual homing under landmark uncertainty. Intelligent Autonomous Systems, 10: 278-287.

SCOTT G L, LONGUET-HIGGINS H C. 1991. An algorithm for associating the features of two images. Proceedings of Conference on the Royal Society of London. Series B: Biological Sciences, London, Royal Society of London 244 (1309): 21-26.

SEBASTIAN T B, KLEIN P N, KIMIA B B. 2002. Shock-based indexing into large shape databases.

Proceedings of European Conference on Computer Vision，Berlin，Springer：731-746.

STOCKMAN G，KOPSTEIN S，BENETT S. 1982. Matching images to models for registration and object detection via clustering. IEEE Transactions on Pattern Analysis and Machine Intelligence，(3)：229-241.

THAYANANTHAN A，STENGER B，TORR P H，et al. 2003. Shape context and chamfer matching in cluttered scenes. Proceedings of IEEE Conference on Computer Vision and Pattern Recognition Piscataway，NJ. IEEE：127-133.

TORR P H S，MURRAY D W. 1997. The Development and Comparison of Robust Methods for Estimating the Fundamental Matrix[J]. International Journal of Computer Vision，24 (3)：271-300.

TORR P H S，ZISSERMAN A. 2000. MLESAC：a new robust estimator with application to estimating image geometry. Computer Vision and Image Understanding，78 (1)：138-156.

TRAN Q H，CHIN T J，CARNEIRO G，et al. 2012. In defence of RANSAC for outlier rejection in deformable registration. Proceedings of European Conference on Computer Vision，Berlin，Springer：274-287.

TSIN Y，KANADE T. 2004. A correlation-based approach to robust point set registration Computer Vision. Proceedings of European Conference on Computer Vision，Berlin，Springer.：558-569.

TUYTELAARS T，VAN GOOL L. 2004. Matching widely separated views based on affine invariant regions. International Journal of Computer Vision，59 (1)：61-85.

VEDALDI A，FULKERSON B. 2010. VLFeat：An open and portable library of computer vision algorithms. Proceedings of the 18th ACM International Conference on Multimedia Chapel Hill，USA，ACM：1469-1472.

VELTKAMP R C，HAGEDOORN M. 2001. State of the art in shape matching. Principles of Visual Information Retrieval：87-119.

WANG B. 2011. Shape retrieval using combined Fourier features. Optics Communications，284(14)：3504-3508.

XING E P，JORDAN M I，RUSSELL S. 2002. Distance metric learning with application to clustering with side-information. Proceedings of Conference on Advances in Neural Information Processing Systems Chapel Hill，USA，ACM：505-512.

YANG F，DING M，ZHANG X，et al. 2015. Non-rigid multi-modal medical image registration by combining L-BFGS-B with cat swarm optimization. Information Science，316：440-456.

YANG X，KOKNAR-Tezel S，LATECKI L J. 2009b. Locally constrained diffusion process on locally densified distance spaces with applications to shape retrieval. Proceedings of the IEEE Conference on Computer Vision and Pattern Recognition，Piscataway，NJ. IEEE：357-364.

YANG X，PRASAD L，LATECKI L J. 2013. Affinity learning with diffusion on tensor product graph. IEEE Transactions on Pattern Analysis and Machine Intelligence，35 (1)：28-38.

YANG Y，ONG S H，FOONG K W C. 2015. A robust global and local mixture distance based non-rigid point set registration. Pattern Recognition，48 (1)：156-173.

Yi KWANG M，TRULLS E，ONO Y，et al. 2018. Learning to find good correspondences. Proceedings of IEEE Conference on Computer Vision and Pattern Recognition，Piscataway，NJ.

IEEE: 2666-2674.

YUILLE A L, GRZYWACZ N M. 1989. A mathematical analysis of the motion coherence theory. International Journal of Computer Vision, 3 (2): 155-175.

ZAHARESCU A, BOYER E, VARANASI K, et al. 2009. Surface feature detection and description with applications to mesh matching. Proceedings of IEEE Conference on Computer Vision and Pattern Recognition, Piscataway, NJ. IEEE: 373-380.

ZHAO J, MA J, TIAN J, et al. 2011. A robust method for vector field learning with application to mismatch removing. Proceedings of IEEE Conference on Computer Vision and Pattern Recognition, Piscataway, NJ. IEEE: 2977-2984.

ZHENG Y, DOERMANN D. 2004. Robust point matching for non-rigid shapes: A relaxation labeling based approach. Maryland Univ College Park Inst for Advanced Computer Studies.

ZHENG Y, DOERMANN D. 2006. Robust point matching for nonrigid shapes by preserving local neighborhood structures. IEEE Transactions on Pattern Analysis and Machine Intelligence, 28 (4): 643-649.

ZHENG Z, WANG H, et al. 1999. Analysis of gray level corner detection. Pattern Recognition Letters, 20 (2): 149-162.

附录 I 专用词汇中英文对照

随机采样一致性（random sample consensus，RANSAC）

最大似然样本一致性（maximum likelihood estimation sample consensus，MLESAC）

渐进样本一致性（progressive sample consensus，PROSAC）

迭代最近点（iterative closest point，ICP）

高斯混合模型（Gaussian mixture model，GMM）

期望最大化（expectation maximization，EM）

尺度不变特征变换（scale invariant feature transform，SIFT）

形状上下文（shape context，SC）

内距离的形状上下文（inner distance shape context，IDSC）

加速鲁棒特征（speed up robust features，SURF）

一致性点漂移（coherent point drift，CPD）

核相关（kernel correlation，KC）

最小中位平方（least median of squares，LMedS）

利用对应关系函数识别点对应（identifying point correspondences by correspondence function，ICF）

空间关系一致性（coherent spatial relations，CSR）

空间关系一致性的刚性点集匹配模型（coherent spatial relation-rigid model，CSR-RM）

空间关系一致性的非刚性点集匹配模型（coherent spatial relation-non-rigid model，CSR-NRM）

再生核希尔伯特空间（reproducing kernel Hilbert space，RKHS）

基于混合模型的鲁棒点匹配（robust point matching based on mixture model，RPM-MM）

向量场一致性（vector field consensus，VFC）

对比度限制自适应直方图均衡化（contrast limited adaptive histogram equalization，CLAHE）

局部线性嵌入（local linear embedding，LLE）

受空间顺序约束（restricted spatial order constraints，RSOC）

变形的空间金字塔（deformable spatial pyramid，DSP）

基于图像到类相似性的检索（retrieval based on image-to-class similarity，RICS）

总和池化（sum pooling，SP）

最大池化（max pooling，MP）

曲率尺度空间（curvature scale space，CSS）

形状树（shape tree，ST）

局部约束扩散过程（locally constrained diffusion process，LCDP）

图传播（graph transduction，GT）

元描述子（meta descriptor，MD）

通用扩散过程（general diffusion processes，GDP）

快速视网膜关键点（fast retina keypoint，FREAK）

词袋（bag of words，BoW）

卷积神经网络（convolutional neural networks，CNN）

修正线性单元（rectified linear unit，ReLU）

平均地标向量（average landmark vector，ALV）

支持向量机（support vector machine，SVM）

核最小二乘（kernel least squares，KLS）

径向基函数（radial basis function，RBF）

扩张焦点（focus of expansion，FOE）

收缩焦点（focus of contraction，FOC）

尺度空间归巢（homing in scale space，HiSS）

视觉伺服（visual servoing，VS）

纯方位视觉伺服（bearing-only visual servoing，BOVS）

纯尺度视觉伺服（scale-only visual servoing，SOVS）

尺度和方位视觉伺服（scale and bearing visual servoing，SBVS）

简化的基于尺度视觉伺服（simplified scale-based visual servoing，SSVS）

总体平均角误差（total average angular error，TAAE）

附录 II 定理 4.1 的证明

为证明定理 4.1，首先介绍一些相关的基本知识。

设 $\boldsymbol{Y}$ 表示一个实希尔伯特空间，其内积（范数）表示为 $<\cdot,\cdot>$，$\boldsymbol{Y} \subseteq \mathbf{R}^D$；$\boldsymbol{X}$ 表示一个集合，$\boldsymbol{X} \subseteq \mathbf{R}^P$；$\boldsymbol{H}$ 表示希尔伯特空间，其内积（范数）表示为 $<\cdot,\cdot>_H$。范数可用内积表示为 $\|f\|_{\boldsymbol{H}} = \sqrt{\langle f, f \rangle_{\boldsymbol{H}}}, \forall f \in \boldsymbol{H}$

定义 II.1 如果估计映射 $\mathrm{ev}_x : \boldsymbol{H} \to \boldsymbol{Y}$ 有界，即对 $\forall x \in \boldsymbol{X}$ 存在正实数 C_x 满足：

$$\|\mathrm{ev}_x(f)\| = \|f(x)\| \leqslant C_x \|f\|_{\boldsymbol{H}}, \forall f \in \boldsymbol{H} \tag{II.1}$$

则这个希尔伯特空间是一个 RKHS。

再生核 $\Gamma : \boldsymbol{X} \times \boldsymbol{X} \to \boldsymbol{B}(\boldsymbol{Y})$ 被定义为

$$\Gamma(x, x') = \mathrm{ev}_x \, \mathrm{ev}_{x'}^*$$

$\boldsymbol{B}(\boldsymbol{Y})$ 为 $\boldsymbol{Y}$ 的有解空间算子，$\boldsymbol{B}(\boldsymbol{Y}) \subseteq \mathbf{R}^{D \times D}$，$\mathrm{ev}_x^*$ 为 ev_x 的伴随算子。

推论 II.1 函数 $f \in \boldsymbol{H}$ 在点 $x \in \boldsymbol{X}$ 处的值可由核 Γ 再生。对于 $\forall x \in \boldsymbol{X}$，$y \in \boldsymbol{Y}$，有 $\mathrm{ev}_x^* y = \Gamma(\cdot, x) y$，因而 $\langle f(x), y \rangle = \langle f, \Gamma(\cdot, x) y \rangle_H$。

推论 II.2 一个 RKHS 定义了一个相应的再生核；同时，一个再生核也定义了唯一的一个 RKHS。

特别地，对于 $\{x_i : i \in N_N\} \subseteq \boldsymbol{X}$ 及再生核 Γ，可以定义如下唯一的 RKHS：

$$\boldsymbol{H}_N = \left\{ \sum_{i=1}^{N} \Gamma(\cdot, x_i) c_i, c_i \in \boldsymbol{Y} \right\} \tag{II.2}$$

其范数可以由内积表示：

$$\langle f, g \rangle_{\boldsymbol{H}} = \sum_{i,j=1}^{N} \langle \Gamma(x_j, x_i) c_i, d_j \rangle, \forall f, g \in \boldsymbol{H}_N \tag{II.3}$$

这里，$f = \sum \Gamma(\cdot, x_i) c_i, g = \sum \Gamma(\cdot, x_j) d_j$。

下面我们给出定理 4.1 的证明。

由再生核与 RKHS 的一一对应关系可知，对于任意一个给定的再生核 Γ，能够定义一个唯一的 RKHS（$\boldsymbol{H}_N$），如式（II.2）所示。$\boldsymbol{H}_N^{\perp}$ 为 H 的子空间：

$$H_N^{\perp} = \{ f_k \in \boldsymbol{H} : f_k(x_i) = 0, i \in \boldsymbol{H}_N \} \tag{II.4}$$

由推论 II.1 的再生核的性质，$\forall f_k \in \boldsymbol{H}_N^{\perp}$，有

$$\left\langle f_k, \sum_{i=1}^{N} \boldsymbol{\Gamma}(\cdot, x_i) c_{ik} \right\rangle_{\boldsymbol{H}} = \sum_{i=1}^{N} \left\langle f_k(x_i), c_{ik} \right\rangle = 0 \tag{II.5}$$

因此，$\boldsymbol{H}_N^{\perp}$ 为 $\boldsymbol{H}_N$ 的正交补；每个 $f_k \in \boldsymbol{H}$，能够唯一地被分解成关于 $\boldsymbol{H}_N$ 的两个正交分量，即 $f_k = f_{kN} + f_{kN}^{\perp}$，这里 $f_{kN} \in \boldsymbol{H}_N, f_{kN}^{\perp} \in \boldsymbol{H}_N^{\perp}$；由正交性可以得到 $\| f_{kN} + f_{kN}^{\perp} \|_{\boldsymbol{H}}^2 = \| f_{kN} \|_{\boldsymbol{H}}^2 + \| f_{kN}^{\perp} \|_{\boldsymbol{H}}^2$；由再生性，可以得到 $f_k(x_i) = f_{kN}(x_i)$。正则化风险函数满足：

$$\begin{aligned}\varepsilon(f_k) &= \frac{1}{2\sigma^2} \sum_{i=1}^{N} \gamma(z_{ik}) \| \boldsymbol{y}_i - f_k(x_i) \|^2 + \frac{\lambda}{2} \| f_{kN} + f_{kN}^{\perp} \|_{\boldsymbol{H}}^2 \\ &\geqslant \frac{1}{2\sigma^2} \sum_{i=1}^{N} \gamma(z_{ik}) \| \boldsymbol{y}_i - f_{kN}(x_i) \|^2 + \frac{\lambda}{2} \| f_{kN} \|_{\boldsymbol{H}}^2\end{aligned} \tag{II.6}$$

因此，式（4.12）的正则化代价函数的最优解来自空间 H_N，具有定理 4.1 中式（4.13）的形式。为了求解系数，这里考虑定义一个平滑函数 $\phi(f)$，即核 $\Gamma(x_i, x_j)$ 及式（II.3）的内积。正则化风险代价函数能够被表示成如下矩阵形式：

$$\varepsilon(f_k) = \frac{1}{2\sigma^2} \| \boldsymbol{P}^{1/2}(\boldsymbol{Y} - \boldsymbol{\Gamma} \boldsymbol{C}_k) \|_{\mathrm{F}}^2 + \frac{\lambda}{2} \mathrm{tr}(\boldsymbol{C}_k^{\mathrm{T}} \boldsymbol{\Gamma} \boldsymbol{C}_k) \tag{II.7}$$

式中：$\boldsymbol{\Gamma} \subseteq \mathscr{R}^{N \times N}$ 为核矩阵，第 ij 个元素为 $\Gamma_{ij} = \mathrm{e}^{-\beta \| x_i - y_j \|^2}$；$\boldsymbol{P}_k = \mathrm{diag}[\gamma(z_{1k}), \gamma(z_{2k}), \cdots, \gamma(z_{Nk})]$，为一个对角矩阵；$\| \cdot \|_{\mathrm{F}}$ 为 Frobenius 范数，$\mathrm{tr}(\cdot)$ 为迹。

对式（4.25）关于 $\boldsymbol{C}_k$ 求导并置 0，可以得到式（4.14）表示的线性系统。因此，最优解 f_k 的系数集 $\{c_{ik} : i \in \mathscr{N}_N\}$ 可由式（4.14）得到。

彩　　图

(a) 图像对的点对应关系

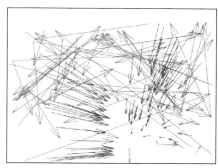

(b) 特征点的空间对应关系

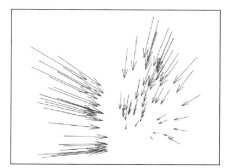

(c) 正确的特征点空间对应关系

图 2.1　刚性情况下的 CSR

（a）为采用 SIFT 算法得到的图像特征点匹配对，其中蓝色表示正确的匹配对，红色表示错误的匹配对；（b）表示使用图 2.1（a）所有的匹配对得到的空间对应关系，箭头的头尾分别是匹配点在图 2.1（a）中左图和右图的空间位置，蓝色箭头表示正确的对应关系，红色箭头表示错误的对应关系；（c）表示使用正确的匹配对得到的空间对应关系，箭头的头尾分别是匹配点在图 2.1（a）中左图和右图的空间位置

(a) Graf 1-3图像对匹配结果（视角变化，结构场景）

(b) Graf 1-5图像对匹配结果（视角变化，结构场景）

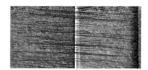

(c) Wall 1-3图像对匹配结果（视角变化，纹理场景）

(d) Wall 1-5图像对匹配结果（视角变化，纹理场景）

(e) Boat 1-3图像对匹配结果（旋转及缩放，结构场景）

(f) Boat 1-5图像对匹配结果（旋转及缩放，结构场景）

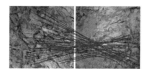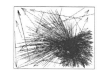

(g) Bark 1-3图像对匹配结果（旋转及缩放，纹理场景）

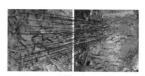

(h) Bark 1-5图像对匹配结果（旋转及缩放，纹理场景）

图 2.4　CSR-RM 算法在 Mikolajczyk 试验图像对上的匹配结果

左边图像对上的线指示图像上特征点的对应关系，蓝色线表示正确的对应，即真正；绿色的线表示被错误去除的正确对应，即假负；红色的线表示被错误保留的误匹配，即假正。右边图像上用箭头表示图像上点对的空间对应关系，箭头的头尾分别是匹配点在左边图像对中左图和右图的空间位置，箭头的颜色代表匹配结果，蓝色表示真正；黑色表示真负；绿色表示假负；红色表示假正

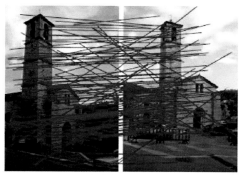

(a) SIFT算法所得初始匹配结果

(b) CSR-RM去误匹配后的结果

图 2.7　Valbonne 图像中本章 CSR-RM 算法结果

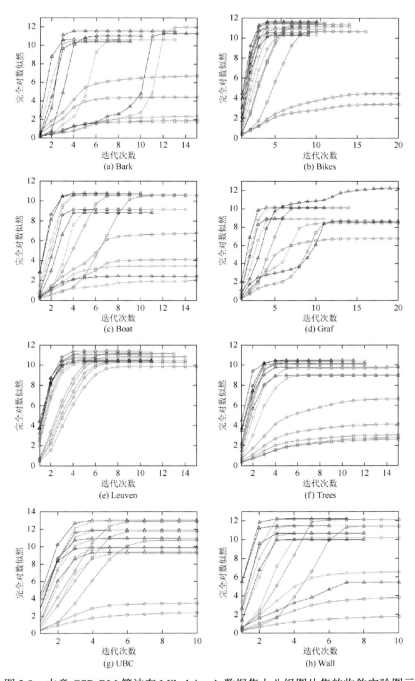

图 2.8　本章 CSR-RM 算法在 Mikolajczyk 数据集上八组图片集的收敛实验图示

蓝线、绿线和红线分别代表 SIFT 距离比值阈值为 1.5、1.3 和 1.0 的情况，线上每个节点的纵坐标表示本次迭代完成时得到的完全对数似然数值。初始内点比率小于 10% 的情况剔除不显示

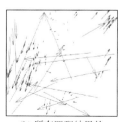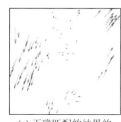

|(a) SIFT算法所得匹配结果|(b) 所有匹配结果的空间关系示意|(c) 正确匹配的结果的空间关系示意|

图 3.1　非刚性情况下的 CSR

图 3.1（a）为采用 SIFT 算法得到的图像特征点匹配对，其中蓝色表示正确的匹配对，红色表示错误的匹配对；图 3.1（b）表示使用图 3.1（a）所有的匹配对得到的空间对应关系，箭头的头尾分别是匹配点在图 3.1（a）中左图和右图的空间位置；图 3.1（c）表示使用正确的匹配对得到的空间对应关系，箭头的头尾分别是匹配点在图 3.1（a）中左图和右图的空间位置

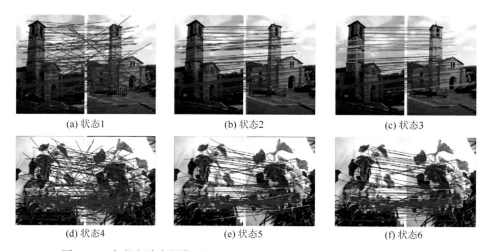

|(a) 状态1|(b) 状态2|(c) 状态3|
|(d) 状态4|(e) 状态5|(f) 状态6|

图 3.10　本书方法在图像对 Valbonne（上）和 Tree（下）上的误配消除结果

左：初始的 SIFT 特征点匹配；中：CSR-RM 算法保留的特征点匹配；右：CSR-NRM 算法保留的特征点匹配。在两对图像上初始的特征点匹配精确度分别为 54.76% 和 56.29%。在使用 CSR-RM 算法和 CSR-NRM 算法后，分别得到精度-召回率对，Valbonne 为（94.12%，92.75%），Tree 为（90.82%，94.68%）（刚性模型），以及 Valbonne 为（98.33%，85.51%），Tree 为（97.83%，95.74%）（非刚性模型）。图中直线段指示匹配结果，蓝色代表正确的正样本，绿色代表错误的负样本，红色代表错误的正样本

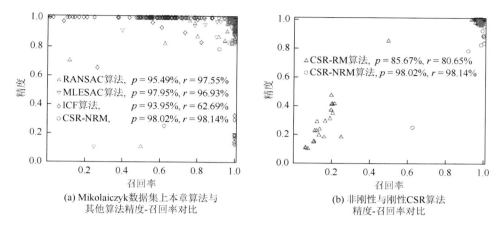

(a) Mikolaiczyk数据集上本章算法与
其他算法精度-召回率对比

(b) 非刚性与刚性CSR算法
精度-召回率对比

图 3.12 Mikolajczyk 数据集上的实验结果

图 3.13 本章 CSR-NRM 算法的误配消除性能在包含非刚性运动的
图像对上的实验结果

从左到右，从上至下，物体形变的程度逐渐增加。初始的正确匹配比率分别为 88.82%、74.76%、63.47%、53.39%、49.61%和 43.81%。在使用本章的算法去除误匹配后，本章 CSR-NRM 算法得到精度-召回率对为（100.00%，99.78%）、（97.78%，99.95%）、（98.58%，100.00%）、（100.00%，98.41%）和（98.99%，98.99%）。图中直线段指示匹配结果，蓝色代表正确的正样本，绿色代表错误的负样本，红色代表错误的正样本

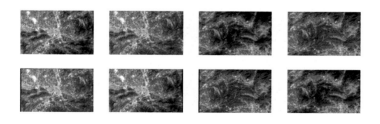

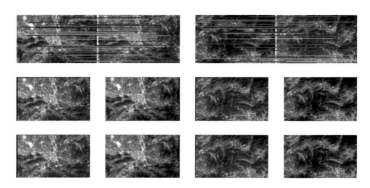

图 3.15　两对遥感图像的匹配试验

第一行：两对遥感图像，其中对于每一组图像，左边的是 PAN 图像，右边的是 MS 图像。第二行：真实的匹配结果，其中对于每一组图像，左边的是 MS 图像匹配到 PAN 图像上的结果，右边的是 PAN 图像匹配到 MS 图像上的结果。第三行：本章基于非刚性模型的算法估计出的精确 SIFT 特征点对应，为了可见性，这里只是随机地显示了 50 个匹配对。第四行：本章算法的匹配结果。第五行：RANSAC 算法的匹配结果

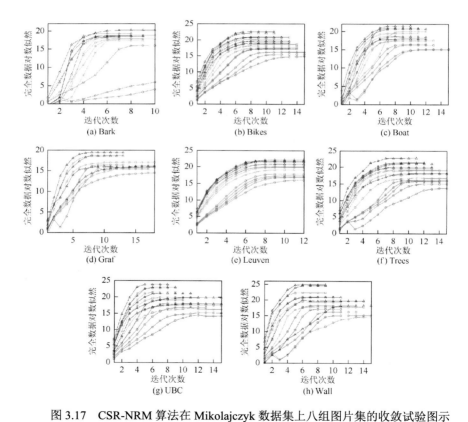

图 3.17　CSR-NRM 算法在 Mikolajczyk 数据集上八组图片集的收敛试验图示

蓝线、绿线和红线分别代表不同的 SIFT 距离比值阈值的情况，线上每个节点的纵坐标表示本次迭代完成时得到的完全数据对数似然数值。初始内点比率小于 10% 的情况丢弃不显示

(a) SIFT算法得到的匹配结果　　　(b) 使用单一模式得到的匹配结果　　　(c) 使用两种不同模式得到的匹配结果

图 4.1　本章点匹配算法的原理说明图

图 4.1（a）中蓝线为采用 SIFT 算法得到的图像特征点匹配对，其中包含了正确和错误的匹配对，狐狸和地面的变化（运动）模式是不同的；图 4.1（b）中蓝线表示找出的地面匹配对；图 4.1（c）中表示两种不同模式的匹配，红线表示狐狸的匹配对，蓝线表示地面的匹配对

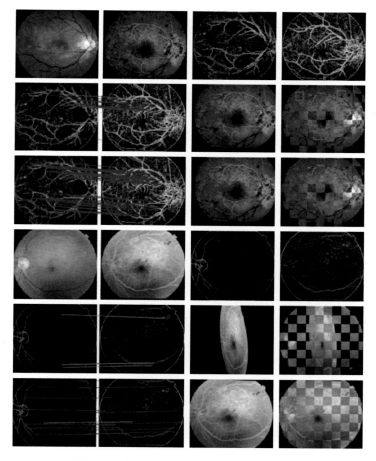

图 5.1　两组多模态视网膜图像对的直观配准结果

每组实验由三行组成：第一行是目标图像、模板图像及其对应的边缘图；其余两行是 RANSAC 算法和所提方法的结果、包括特征匹配结果、变换后的模板图像，以及变换后的模板和原始目标图像形成的棋盘格图像。注意蓝线表示正确保留的匹配，红线表示错误保留的匹配

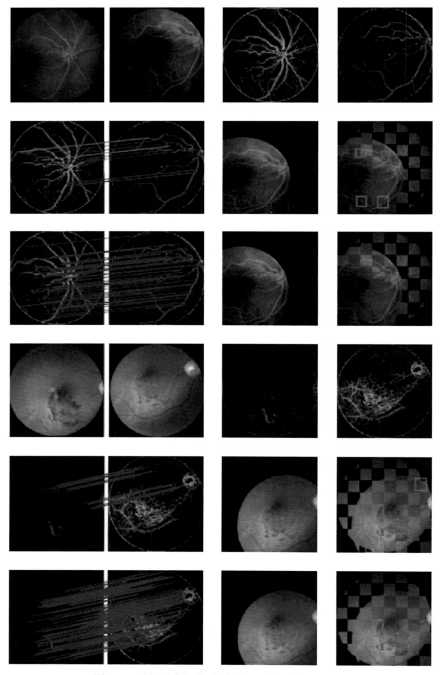

图 5.3 　两组具有部分重叠的视网膜图像对的配准结果

每组实验由三行组成：第一行是目标图像、模板图像及其对应的边缘图；其余两行是 RANSAC 算法和所提方法的结果，包括特征匹配结果、变换后的模板图像，以及变换后的模板和原始目标图像形成的棋盘格图像。注意蓝线表示正确保留的匹配，而红线表示错误保留的匹配

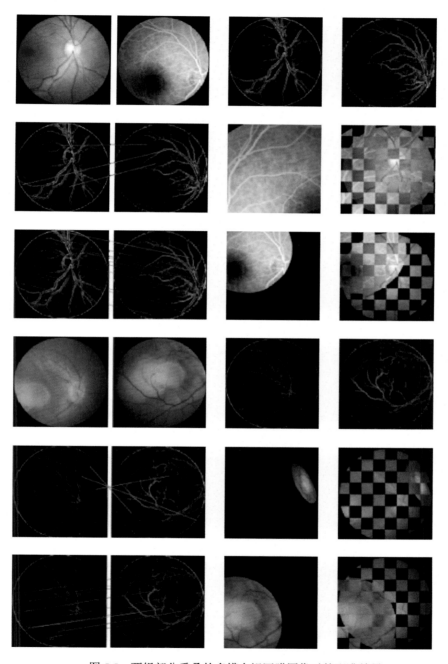

图 5.5　两组部分重叠的多模态视网膜图像对的配准结果

每组试验由三行组成：第一行是目标图像、模板图像及其相应的边缘图；其余两行是 RANSAC 算法和所提方法的结果，包括特征匹配结果、变换后的模板图像，以及变换后的模板和原始目标图像形成的棋盘格图像。注意蓝线表示正确的保留匹配，而红线表示错误保留匹配

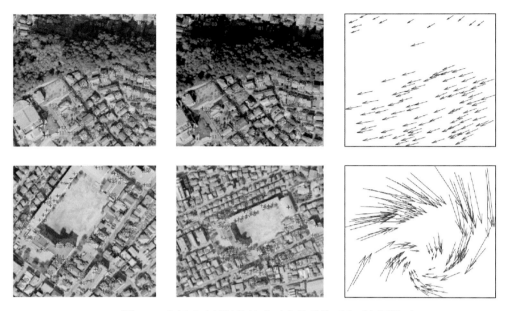

图 6.1　表征手动标记的地真对应关系的两个示例图像对

每一行中，在前两幅图像中显示了手动标记的对应关系，其中两幅图像中的两个对应点用相同的数字标记。
第三幅图像是相应的运动场，每个箭头的头部和尾部都对应于两幅图像中所选点的位置

(a) 初始匹配图像

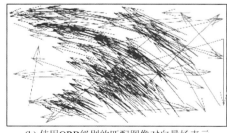 

(b) 使用ORB级别的匹配图像对向量场表示　　　(c) 正确匹配对的向量场表示

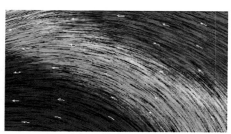

(d) 图(b)R的向量场插值结果　　　　　　　　(e) 图(c)的向量场插值结果

图 8.4　误配消除和鲁棒向量场插值

图 8.4（a）为图像对及其初始匹配。蓝线和红线分别对应内点和离群点。图 8.4（b）、（c）为由所有初始匹配和仅内点产生的运动场样本。每个箭头的头部和尾部分别对应于两幅图像中特征点的位置。图 8.4（d）、（e）为分别使用图 8.4（b）和（c）中的样本插值得到的向量场。可视化方法是线积分卷积（line integral convolution，LIC），颜色表示每个点的位移幅值

(a) 假定匹配

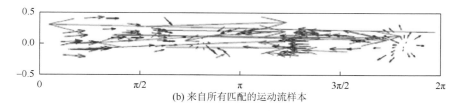

(b) 来自所有匹配的运动流样本

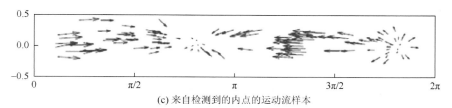

(c) 来自检测到的内点的运动流样本

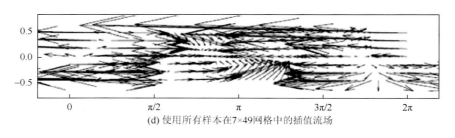

(d) 使用所有样本在7×49网格中的插值流场

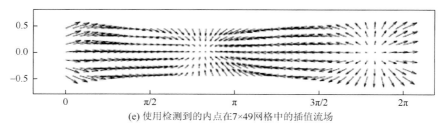

(e) 使用检测到的内点在7×49网格中的插值流场

图 9.3　误匹配剔除和鲁棒的运动流插值

(a) 由所提方法区分的内点和离群点

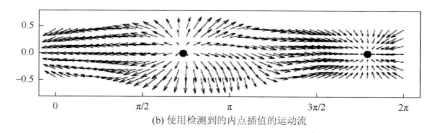

(b) 使用检测到的内点插值的运动流

图 9.5　误匹配剔除和插值运动流

图 9.5（a）中蓝线为内点，红线为离群点。黑点是局部 FOC 和 FOE。横坐标表示 360°旋转一周量化后像素对应的归一化方位，纵坐标表示垂直地面方向图像像素对应的归一化方位